硫酸盐还原菌生态特性
及其在土壤污染修复中的应用

吉莉 著

Ecological Characteristics of
Sulfate-Reducing Bacteria
and Their Application
in Soil Contamination Remediation

化学工业出版社
·北京·

内容简介

本书以硫酸盐还原菌生态特性及其在土壤污染修复中的应用为主线，以硫酸盐还原菌的基本特性为依据，系统地介绍了硫酸盐还原菌的生长特性，并在此基础上深入介绍了硫酸盐还原菌降解阿特拉津与放射性污染物的相关机理，以及污染场地的修复管理条件等内容。

本书具有较强的针对性和应用性，可供从事土壤污染控制与管理、畜禽粪污处理处置，以及微生物工程等的工程技术人员、科研人员和管理人员参考，也可供高等学校环境科学与工程、生态工程、生物工程及相关专业师生参阅。

图书在版编目（CIP）数据

硫酸盐还原菌生态特性及其在土壤污染修复中的应用/吉莉著．—北京：化学工业出版社，2022.9（2023.6重印）

ISBN 978-7-122-42038-1

Ⅰ.①硫… Ⅱ.①吉… Ⅲ.①硫酸盐还原细菌-应用-土壤污染-修复-研究 Ⅳ.①X53

中国版本图书馆CIP数据核字（2022）第153638号

责任编辑：刘兴春 刘 婧　　文字编辑：白华霞
责任校对：边 涛　　装帧设计：韩 飞

出版发行：化学工业出版社（北京市东城区青年湖南街13号 邮政编码100011）
印　　装：北京科印技术咨询服务有限公司数码印刷分部
710mm×1000mm 1/16 印张13½ 彩插2 字数222千字
2023年6月北京第1版第2次印刷

购书咨询：010-64518888　　售后服务：010-64518899
网　　址：http://www.cip.com.cn
凡购买本书，如有缺损质量问题，本社销售中心负责调换。

定　　价：98.00元

前言

近年来，随着可持续发展观念的深入，环境科学与工程专业与其他学科之间关系愈加密切，各类研究也层出不穷。环境科学与工程专业是太原科技大学重点建设学科，结合山西省作为全国能源重化工基地背景下的煤电和煤焦带来的矿区生态破坏、水资源短缺、空气污染严峻形势，开展区域污染修复与防治的理论和实践工作，培养面向全国，服务山西的学科团队与专业复合型人才显得尤为重要。

微生物修复一直是国内外科学研究的热点，而硫酸盐还原菌作为微生物修复中重要的一员，在地球上分布很广泛，通过多种相互作用发挥诸多潜力，尤其可在微生物代谢等活动造成的缺氧水陆环境（如土壤、海水、河水、地下管道以及油气井、淹水稻田土壤、河流和湖泊沉积物、沼泥等富含有机质和硫酸盐的厌氧生境和某些极端环境）之中发挥作用。著者鉴于此点，以完善硫酸盐还原菌修复污染物的原理为目的，在本书中对硫酸盐还原菌进行研究，深入探讨了硫酸盐还原菌在环境污染修复中的作用，以硫酸盐还原菌降解阿特拉津为主，阐明了微生物修复的经济价值和研究意义，部分填补了我国对硫酸盐还原菌修复污染环境研究的空缺。

全书分为 10 章，绪论部分主要介绍了硫酸盐还原菌及其分类和基本特性，可使读者对硫酸盐还原菌有初步了解。首先分章介绍了硫酸盐还原菌的形态学研究方法、纯培养技术、生理鉴定、分子鉴定以及分离与鉴定，进一步阐明了硫酸盐还原菌的生理生化特性，深入解释了硫酸盐还原菌的作用和特征。然后以硫酸盐还原菌对阿特拉津降解条件的响应曲面优化和硫酸盐还原菌去除阿特拉津的特性及机理研究为例，进一步阐明了硫酸盐还原菌处理污染物的重要作用和降解方法。本书的最后部分介绍了生物质炭固定化菌剂的制备及其对阿特拉津的去除，以及硫酸盐还原菌对放射性污染物的处理去除，最后一章介绍了如今污染土壤环境管理与修复对策。本书理论与实践相结合，具有较强的针对性和参考价值，可供从事土壤污染控制与管控、畜禽粪污处理处置，以及微生物工程等的工程技术人员、科研人员和管理人员参考，也可供高等学校环境科学与工程、生态工程、生物工程及相关专业师生参考学习。

由于时间紧迫，著者水平有限，对于本书中的不妥之处敬请广大读者不吝赐教，以共同推动环境科学事业的发展。

著　者

2022 年 3 月于太原科技大学

目录

第1章

绪　论

1.1 硫酸盐还原菌的简介

硫酸盐还原菌（sulfate-reducing bacteria，SRB）是1895年首次被Jerinck发现的一类能从硫酸盐异化型还原过程中获得能量的原核微生物。SRB是一类在无氧或极少氧条件下能把硫氧化物（硫酸盐、硫代硫酸盐、亚硫酸盐等）及硫元素还原为H_2S的细菌，广泛存在于土壤、厌氧污泥、油井管道等自然环境中，化石燃料的燃烧、火山爆发和微生物的分解作用是SO_2的主要来源。

硫酸盐还原菌在地球硫循环中占有重要地位。在自然状态下，大气中的SO_2一部分被绿色植物吸收，一部分则与大气中的水结合形成H_2SO_4，随降水落入土壤或水体中，以硫酸盐的形式被植物的根系吸收，转变成蛋白质等有机物，进而被各级消费者所利用，动植物的遗体被微生物分解后，又能将硫元素释放到土壤或大气中，这样就形成了一个完整的循环回路。微生物在硫元素循环过程中发挥了重要作用，主要包括脱硫作用、硫化作用和反硫化作用。

硫酸盐还原菌这一类群包含种类差别很大，分类系统多次变化，系统发育关系较为复杂（李建军等，2009）。由于其生活的厌氧环境和缓慢的生长速度，使得SRB的分离纯化和鉴定工作颇具难度（王明义，2005），至今学术界对SRB的分类方法尚无定论（Castro，et al，2000）。

1.2 硫酸盐还原菌的分类

硫酸盐还原菌是一类能进行硫酸盐异化还原反应的厌氧菌，广泛存在于海水、河水、土壤、地下管道、油井等处，它们具有强大的生命力及独特的代谢过程，与自然界的物质循环及人类的生产生活密切相关。据不完全统计，已发现的硫酸盐还原菌类微生物有12个属40多个种（马保国等，2008）。

1.2.1 传统分类

硫酸盐还原菌是一个庞大的类群，所含的门类众多，最初的分类系统以其是否产生芽孢为分类依据。根据硫酸盐还原菌对碳源的利用及代谢情况，可将其分为不完全氧化型和完全氧化型两类。前者能利用乳酸、丙酮酸等作为生长底物，将其氧化到乙酸水平，并以乙酸作为代谢产物排出体外；后者则专一性地氧化某些脂肪酸作为生长底物，特别是乙酸和乳酸等，最终将其降解为 CO_2 和 H_2O（马保国等，2008）。根据 SRB 生长时对环境温度的要求不同，学者又将硫酸盐还原菌分为中温菌和嗜热菌两类（李亚新等，2000），中温菌属和嗜热菌属不能完全相互转化，但菌株对温度有较高的适应力。

传统的微生物分类主要是根据形态特征来推断微生物的系统发育，这种方法存在两个突出的问题：a. 微生物可利用的形态特征较少，很难把所有微生物放在同一水平上进行比较；b. 形态特征在不同类群中的进化速率差异很大，仅根据形态推断进化关系往往不准确。例如，许多微生物由于生存环境的改变，其形态特征会发生一定的变化，我们往往会因为一些特殊性状而错误地将其定为新种，这正是表型的缺点。然而，基因型却能较好地反映同种中不同型的进化情况。

1.2.2 化学分类

1965 年，Campbell 等将 SRB 分为产芽孢的脱硫肠状菌属（*Desulfotomaculum*）和不产芽孢的脱硫弧菌属（*Desulfovibrio*）两属。1982 年，Widdel 和 Pfennig 认为所有能还原硫酸盐、亚硫酸盐或硫元素的微生物都应该称之为 SRB，从而在伯杰氏细菌手册第一卷中提出了 8 个属的 SRB 检索表（Widdel & Pfennig，1982），如表 1-1 所列。1984 年，Hans 则根据 SRB 的生理、生化和营养需求及生态特征，将 SRB 划分为脱硫弧菌属（*Desulfovibrio*）、脱硫肠状菌属（*Desulfotomaculum*）和脱硫单胞菌属（*Desulfomonas*）3 个属（Hans，1984）。

表 1-1 硫酸盐还原菌的分类及特征

<table>
<tr><th>名称</th><th>形状</th><th>生长温度/℃</th><th>生理特性</th><th>菌属特性</th></tr>
<tr><td>脱硫弧菌属
(Desulfovibrio)</td><td>螺旋状、弧形</td><td>25～40</td><td>革兰氏阴性，中温菌，单极生鞭毛</td><td rowspan="4">利用乳酸盐、乙醇、丙酸盐等作为生长基质而将其氧化到乙酸水平</td></tr>
<tr><td>脱硫肠状菌属
(Desulfotomaculum)</td><td>直杆状、弯曲杆状</td><td>25～65</td><td>革兰氏阳性，中温菌，周生鞭毛</td></tr>
<tr><td>脱硫单胞菌属
(Desulfomonas)</td><td>杆状</td><td>30～40</td><td>革兰氏阴性，中温菌</td></tr>
<tr><td>脱硫球茎菌属
(Desulfobulbus)</td><td>柠檬状、杆状</td><td>25～40</td><td>革兰氏阴性，中温菌</td></tr>
</table>

续表

<table>
<tr><th>名称</th><th>形状</th><th>生长温度/℃</th><th>生理特性</th><th>菌属特性</th></tr>
<tr><td>脱硫杆菌属
(Desulfobacterium)</td><td>卵形、杆状</td><td>25～35</td><td>革兰氏阴性，中温菌，单极生鞭毛</td><td rowspan="4">专一性地氧化某些脂肪酸(乙酸等)至最终产物为 CO_2</td></tr>
<tr><td>脱硫球菌属
(Desulfococcus)</td><td>球形、柠檬状</td><td>28～35</td><td>革兰氏阴性，中温菌</td></tr>
<tr><td>脱硫八叠球菌属
(Sporosarcina)</td><td>卵形、杆状、链球状</td><td>33</td><td>革兰氏阴性，中温菌，单极生鞭毛</td></tr>
<tr><td>脱硫螺旋体菌属
(SpirillumDesulfuricans)</td><td>丝状</td><td>28～32</td><td>革兰氏阴性，中温菌</td></tr>
</table>

1.2.3 分子分类

2000 年，Hector 和 Norris 利用 16S rRNA 基因结合经典分类方法对 SRB 进行系统分类，将 SRB 的 14 个属分为革兰氏阴性嗜温硫酸盐还原菌 (Gram-negative mesophilic SRB)、嗜热硫酸盐还原菌 (thermophilic bacterial SRB)、嗜热的古硫酸盐还原菌 (thermophilic archaeal SRB) 和革兰氏阳性产孢子硫酸盐还原菌 (Gram-positive spore forming SRB) 4 大类 (Hector，2000)。2002 年，Loy 等发表论文认为 SRB 包含：细菌界和古生菌界两界。细菌界包含 4 门 39 属 130 余种，古生菌界 1 属，这是目前比较公认的分类系统 (Loy，et al，2002)。

然而，这些研究涉及的 SRB 的种类数量存在较大的出入，有很多是不能确定的分类单位。硫酸盐还原菌的类群划分还没有统一的分类标准，仍然存在颇多争议，需要进一步深入研究。

1.3 硫酸盐还原菌的生理生化特征

硫酸盐还原菌 (SRB) 广泛分布于陆地、海底和海洋生态系统中，可以在不同的物理化学条件下生长，因此可以存在于极端的环境中，如盐、热、冷和碱性环境生态系统。在硫酸盐还原菌的厌氧消化系统中，其生长受到各种生物和非生物因子的影响，较为重要的环境影响因子有碳源、温度、pH 值、氧化还原电位、COD、重金属、SO_4^{2-} 浓度和溶解氧等。

早在 1924 年，Bengough 和 May 就认为 SRB 产生的 H_2S 对埋在地下的

铁构件的腐蚀起着重要作用；1934 年荷兰学者库尔和维卢特提出了 SRB 对金属腐蚀作用的机制；随后，邦克（1939）、Hedelai（1940）、史塔克和威特（1945）也证实金属腐蚀的主要细菌有铁细菌（好氧）和 SRB（厌氧），土壤中钢铁的腐蚀主要是后者的作用。

研究表明在无氧或极少氧情况下，SRB 能利用金属表面的有机物作为碳源，并利用细菌生物膜内产生的氢将硫酸盐还原成硫化氢，从氧化还原反应中获得生存的能量。SRB 在厌氧环境中分布广泛，可通过硫化亚铁沉淀反应检测到 SRB 的存在。海洋和沉积物是 SRB 的典型生境，这些环境中有较高的硫酸盐浓度。在受污染的环境，如腐败食物和污水处理厂排放物中均能检测到 SRB 的存在，人们还从稻田、瘤胃、白蚁肠道、人畜粪便及油田水中检测到 SRB 的存在。

1.3.1 硫酸盐还原菌的生长因子

1.3.1.1 碳源

碳源是微生物生长的必要能源，在 SRB 生长的过程中碳源有两个作用：一是为 SRB 的生长提供能量；二是作为硫酸盐还原的电子供体。

SRB 可利用多种碳源，包括芳香族化合物、糖类、氨基酸、畜禽粪便、农业废弃物以及人工合成的新型碳源（如酵母膏、乙醇、苯酚、葡萄糖、乙酸、长链脂肪酸、苯甲酸以及生活污水、锯末、鸡粪以 80∶7∶3 的质量比人工配制的混合发酵液等）(Li，et al，2018；丁蕊，2020；Zhu，et al，2020)。

柳凤娟等（2018）以乳酸、乙醇、糖蜜和米酒为碳源研究了硫酸盐还原菌的生长情况，培养 14d 后 SRB 在乳酸中的生长状况最好，在乙醇中也能生存，但生长周期较长，而在糖蜜和米酒中不能生长，表明 SRB 可利用乳酸和乙醇作为碳源。

1.3.1.2 温度

硫酸盐还原菌可在无氧状态下以某些有机物作为电子供体，硫酸盐作为电子受体生长代谢。温度对 SRB 的代谢活性和生长速率起决定性作用。SRB 可分为嗜热菌和中温菌两大类，目前研究大部分以中温菌为主。硫酸盐还原菌的生长是微生物体内一系列生物化学反应的有机组合，温度是反应的必需条件。温度对微生物生长具有极其重要的作用。在一定温度范围内，随温度升高，细胞生长速率增大。

硫酸盐还原菌在地球硫循环中占有重要地位，其适应能力强，有些菌可以存在于－5℃以下，有些菌产生的芽孢能耐受80℃的高温。根据SRB最适生长温度范围可将其分为嗜热菌（＞55℃）、嗜温菌（20～45℃）和嗜冷菌（－10～20℃）三大类（Sokolova，2010）。

迄今为止，分离出的大多数SRB为嗜温菌，最适温度通常在15～35℃之间，硫酸盐还原菌的生长速率和细胞特异性硫酸盐还原速率随温度的升高而升高（André，et al，2020），以30℃左右最为适宜；温度过低或过高都会抑制SRB的生长和代谢速率。研究表明，低温会影响SRB细胞膜的流动性和生物大分子的活性，造成SRB存活率降低；而高温会使SRB细胞内的大分子物质发生不可逆的改变，引起生化功能丧失，导致细胞破裂、胞液泄漏及细菌死亡（杨建设等，2006；吉莉等，2020）。

1.3.1.3 pH值

适宜的pH值是硫酸盐还原菌还原转化废水中污染物所必需的环境条件，H^+浓度的高低直接影响硫酸盐还原酶系的构象、性质以及生物学活性。pH值是影响硫酸盐还原菌生长繁殖的重要因素，尽管硫酸盐还原菌对pH值的适应能力很强，适合SRB生长的pH值范围较广（一般在5.5～9.0之间SRB都可以生长繁殖），但最适宜的pH值为7.0～7.5（杨建设等，2006），即SRB更适宜在中性偏弱碱性的环境中生长。

硫酸盐还原菌在降解硫酸盐过程中会产生一定的碱度，导致反应体系的pH值相应地有所升高，因此在培养硫酸盐还原菌时培养基pH值为6.0时相对更适合于SRB的生长（陈炜婷等，2014）。pH值影响硫酸盐还原菌的生长表现为：在pH值为6.5～7.5时，SRB可以良好生长，最佳pH值为7.5；SRB不能在pH值小于5.5的环境下生存。在有氧条件下培养，SRB在pH值为8.0～8.5时仍然能生存乃至微弱增殖（张小里等，2000）。

目前，研究中采用的大部分SRB菌群适宜的生长环境是中性条件，关于SRB能够耐受的最低pH值尚有争议（李亚新和苏冰琴，2000）。SRB生长最适的pH值为7～8，pH值较低或较高都会影响SRB细胞膜和细胞壁的酶活性，抑制微生物的生长，影响硫酸盐还原的过程（Yi，et al，2007）。研究表明，当pH值低于6时SRB相对存活率比最佳pH值时（7～8）低26%，在碱性环境中（pH＞9）微生物的生长也受到明显的抑制（Lvan，et al，2019）。

1.3.2　硫酸盐还原菌的培养

1.3.2.1　培养方法

（1）液体培养法

液体培养SRB，首先应排出培养基内的空气，可以采用高纯氮气吹脱培养基内的空气以及加热培养基的方法，然后接入适量菌液，在适宜的温度下静置培养。若在培养基上方覆盖一层灭过菌的液体石蜡效果更佳。

（2）固体培养法

1）稀释摇管法

稀释摇管法是稀释倒平板法的一种变通形式，先将一系列盛有无菌琼脂培养基的试管加热使琼脂熔化并保持在50℃左右，将已稀释成不同浓度梯度的菌液加入到这些已熔化好的琼脂试管中，迅速充分混匀。待凝固后，在琼脂柱表面倒入一层灭菌的液体石蜡和固体石蜡的混合物，使培养基尽量隔绝空气。培养后，菌落形成在琼脂柱的中间。

困难之处在于菌落的挑取，首先需用一只灭菌针将覆盖的石蜡盖取出，然后再用一只毛细管插入琼脂和管壁之间，吹入无菌无氧气体，将琼脂柱吸出放在培养皿中，最后用无菌刀将琼脂柱切成薄片进行观察并转移菌落。

该法的不足之处是观察与挑取菌落比较困难，但在缺乏专业设备的条件下，此法仍是一种方便有效的进行厌氧微生物分离、纯化和培养的低成本方法。

2）叠皿夹层法

叠皿夹层法实质是将菌夹在上下两层培养基之间，以营造一个相对无氧的环境，从而使SRB能在夹缝中生长。具体做法是将已经富集好的菌液采用无菌操作技术稀释成不同浓度；将含有质量分数为2%琼脂的固体培养基熔化并保持在50℃左右，在无菌条件下向培养皿（90mm×15mm）的皿盖中倒入约1/3高度的固体培养基，待其刚刚冷凝后将不同浓度的稀释液吸取适量，快速涂布于平板上，使稀释液渗透约30s后，在培养皿的中间位置倒入同种营养型固体培养基直到将溢未溢的突起状态，随后迅速盖上皿盖并往下压，最终皿内不能有气泡；去掉培养皿内外两层侧壁间多余的琼脂，并在其中灌入适量熔化的石蜡，使培养皿侧壁缝隙被石蜡密封，尽量不要留有气泡。培养一周后，在加有二价铁离子的平板中会长出黑色的SRB菌落，在酒精灯旁加热使固体石蜡熔化，由于上下两层培养基凝固时间不同，所以当移去内皿后，用镊子很容易将上层培养基揭起，从而露出下层培养基中的菌落。当需要进行菌落挑取时，可以对其进行切块转移，放入液体培养基时捣碎即可。

该方法的优点是培养物均采用涂布或划线方法生长于营养琼脂夹层中，取菌落时可很方便地做到定点取菌，同时该方法不需要另外创建一个无氧环境，故省时、省力，具备了所有好氧、厌氧分离方法的优点。

3）Hungate 滚管技术

Hungate 滚管技术是培养厌氧菌最佳的方法。滚管技术是美国微生物学家亨盖特（Hungate）于 1950 年首次提出并应用于瘤胃厌氧微生物研究的一种厌氧培养技术。这项技术又经历了几十年的不断改进，从而使亨盖特厌氧技术日趋完善，并逐渐发展成为研究厌氧微生物的一套完整技术。国内外很多专门做厌氧培养的实验室大都采用此技术。

Hungate 滚管技术是指将适当稀释度的菌液，在无菌无氧条件下接入含有琼脂培养基的厌氧试管中，然后将其在滚管机或冰盘上均匀滚动，使含菌培养基均匀地凝固在试管内壁上。当琼脂绕管壁完全凝固后，琼脂试管即可垂直放置贮存，并可使少量的水分集中在底部，经过几天的培养后就可见到厌氧管内固体培养基内部和表面有菌落出现。挑取菌落时也很方便，可以在酒精灯旁用自制的玻璃细管接种针挑取生长状态良好的菌落，快速接到液体培养基中富集培养。

其优点在于培养基可以在厌氧管内壁上形成一层均匀透明的薄层，同时菌落可以埋藏在培养基内部或生长在表面，同平板涂布法相比与氧气接触的机会大大减少。

1.3.2.2 厌氧细菌分离纯化的基本原理

大部分硫酸盐还原菌生存在厌氧环境中，其分离纯化较为困难，尤其是严格厌氧菌，往往很难得到纯菌。李福德等（1994）报道了一种复合 SRB-SRBⅢ（主要由脱硫弧菌、脱硫肠状菌等构成），因其有很强的还原重金属离子的能力，在冶金、电镀等行业的重金属废水处理中有较为广泛的应用，但其中的 SRB 尚未能进行纯培养，这在很大程度上制约了对其更深入的机理研究。目前，国内外就分离单菌株 SRB 进行了较多的实验，实验室设计开发的用于分离纯化厌氧细菌的方法很多，常见的几种方法介绍如下。

(1) 厌氧袋(罐)

平板或斜面培养物放入厌氧袋(罐)后,反复抽出空气,向内充入氮气或混合气体,利用钯催化剂使氢气和氧气反应消除剩余的微量氧气,用亚甲蓝指示剂显示含氧量(Sohrabi, et al, 2006)。

(2) 厌氧工作站

厌氧工作站由转移匣和工作室两部分组成,通过向工作室内不断充入氮气或混合气体,钯催化剂使氧气与混合气体中的氢气反应而营造兼性厌氧或严格厌氧的环境。平板或斜面培养物放入内部培养。

(3) 滚管培养

一定量的固体培养基在未凝固的情况下(约60℃)接入一定菌种,装入厌氧管中,盖好橡胶垫、铝制盖子两层盖子,用长针不断吸出氧气和充入氮气,使形成厌氧环境,用刃天青作为氧气指示剂,无色即为厌氧环境(魏利等,2006)。

(4) 叠皿夹层法

将固体培养基倒在培养皿盖上,待培养基冷却后,在培养基上涂布细菌,再在涂布好的这一层培养基上倒入另一层培养基,使细菌与空气隔绝形成厌氧环境(万海清等,2003)。

以上分离纯化培养的方法在操作中各有优缺点,厌氧袋(罐)分离法难以对细菌生长进行及时观察,同时也不利于对菌株进行单个菌落的挑取。而厌氧工作站中操作的箱体中没有氧气,不能用酒精灯灭菌,平板与外环境及平板之间比较容易染菌,保持培养箱的无菌环境需要投入较大的成本,但对于严格厌氧的菌株分离有较大的优势。滚管培养法成本较低,但操作极为复杂。叠皿夹层法空气较容易进入,较难形成严格的厌氧环境。分离厌氧菌时,应根据分离菌株的实际情况进行合理的选择和改进。

1.4 硫酸盐还原菌的概述及展望

分子进化研究的目的是从物种的一些分子特性出发,了解物种之间的生物系统发生关系。实验对象是蛋白质序列或核酸序列,通过序列同源性的比较进而了解基因的进化以及生物系统发生的内在规律。

1.4.1 常用分子系统树的构建方法

分子系统树的构建主要用来研究物种之间的进化关系，也可以为系统分类提供重要的依据。分子系统树通常分为有根树（rooted）和无根树（unrooted）两类，有根树反映了物种进化的先后顺序，无根树则只反映分类单元之间的距离。用于构建系统树的数据包括特征数据（character data）和距离数据（distance data）或相似性数据（similarity data），前者提供了基因、个体、群体或物种的信息，而后者提供的是成对基因、个体、群体或物种的信息。

目前，常用的分子系统树构建方法主要有最大简约法、最大似然法、距离矩阵法（主要是邻接法）和贝叶斯法。各种构树方法各有其优缺点。

1.4.1.1 最大简约法

最大简约法（maximum parsimony method，MP）基于最简单的解释就是最好的解释，选择使变化量最小化的系统树。它的主要优点是模型简单、假定少，计算迅速，但也存在通常比较保守、可能低估 Ka/Ks 值等缺点（Henning，1966；Felsenstein，1996；Huelsenbeck & Lander，2003）。

在具体的操作中，分为非加权最大简约分析（或称为同等加权）和加权最大简约分析，后者是根据性状本身的演化规律（例如 DNA 不同位点进化速率不同）而对其进行不同的加权处理。在最大简约分析中，只有在两个以上分类单元中存在差异的性状或位点才能为构建系统发育树提供有效的信息，对于 DNA 序列来说，这样的位点称为简约性信息位点（parsimony-informative site）。

对于简约性信息位点，至少要在两个以上分类单元中存在差异，并且至少要有两个以上不同的状态。因此，数据集中在所有分类单元中状态恒定的位点和只出现一次变异的位点都是非简约性信息位点。

对一组数据的分析可能得到多棵同等简约树，即这些系统树具有同样的演化步数，在后续的分析中应构建这些同等简约树的合意树，并侧重分析保持率较高的分支。另外，加权简约性分析在某种程度上可以提高最大简约法的效力，并能更真实地反映生物的自然演化过程。由于趋同演化现象的存在，最大简约法有时会使得原本具有不同进化过程的生物被归为一支，因此一般而言最大简约法大多适用于相近物种之间演化关系的分析。

最大简约法是进化生物学研究中重要的分析方法，其原则对于处理复杂的生物演化过程有重要意义，但在具体应用时只有充分理解所要分析的数据集特性和最大简约法的原理和操作才能保证分析的科学性和客观性。

1.4.1.2 最大似然法

最大似然法（maximum likelihood method，ML）是在给定替代模型和系统树下估计序列数据集的似然值。特点是使用显式替代模型校正多重替代，似然比检验可以用于评估替代模型和系统树，利用全部位点信息重建祖先性状状态。缺点是计算强度过高、速度过慢，只能分析中小型数据集（Huelsenbeck & Rannala，1997；Whelan & Lio，et al，2001）。

最大似然法明确地使用概率模型，其目标是寻找能够以较高概率产生观察数据的系统发生树。最大似然法是一类完全基于统计的系统发生树重建方法的代表。该方法在每组序列比对中考虑了每个核苷酸替换的概率。例如，转换出现的概率大约是颠换的 3 倍。在一个三条序列的比对中，如果发现其中有一列为一个 C、一个 T 和一个 G，则有理由认为 C 和 T 所在的序列之间的关系很有可能更接近。由于被研究序列的共同祖先序列是未知的，概率的计算变得复杂；又由于可能在一个位点或多个位点发生多次替换，并且不是所有的位点都相互独立，概率计算的复杂度进一步加大。尽管如此，还是能用客观标准来计算每个位点的概率的，可计算表示序列关系的每棵可能的树的概率。然后，根据定义，概率总和最大的那棵树最有可能是反映真实情况的系统发生树。

1.4.1.3 距离矩阵法

最常用的距离矩阵法是邻接法（neighbour-joining，NJ），邻接法基于最小进化的原理，从一个星状树开始每次聚合两个序列，最终生成一个完全分解的有枝长的进化树。邻接法无分子钟假定，可以快速地分析较大的数据集，因此被广泛采用（Felsenstein，1996）。

该法依赖距离矩阵资料，是由序列建立支序图或亲缘关系图的方法。即先由序列算出每一对细菌间的演化距离，将所有的演化距离资料整理成一个距离矩阵，再利用距离矩阵资料画出树型。

在数学中，一个距离矩阵是一个包含一组点两两之间距离的矩阵（即二维数组）。因此给定 N 个欧几里得空间中的点，其距离矩阵就是一个非负实数作为元素的 $N \times N$ 的对称矩阵。这些点两两之间点对的数量，$N \times (N-1)/2$，也就是距离矩阵中独立元素的数量。距离矩阵和邻接矩阵概念相似，其区别在于后者仅包含元素（点）之间是否互相连通，并没有包含元素（点）之间连通的成本或者距离。因此，距离矩阵可以看成是邻接矩阵的加权形式。

1.4.1.4 贝叶斯法

贝叶斯法（Bayesian）基于最大似然法，同时引进了马尔可夫链的蒙特卡洛方法，既具有ML方法的许多优点，又大大缩短了计算时间，可以处理参数极多的复杂模型，计算多于50个分类单位的系统发育关系。另外，还可以结合多种数据，包括DNA、蛋白质、形态等，分析十分方便（Huelsenbeck，Rannala，et al，2000；Huelsenbeck，Larget，et al，2004；Nylander，Ronquist，et al，2004）。

贝叶斯分析方法提供了一种计算假设概率的方法，这种方法是基于假设的先验概率、给定假设下观察到不同数据的概率以及观察到的数据本身而得出的。其方法为：将关于未知参数的先验信息与样本信息综合，再根据贝叶斯公式得出后验信息，然后根据后验信息去推断未知参数。

在贝叶斯统计理论中，统计推断中的相关量均作为随机量对待，而不考虑其是否产生随机值。概率被理解为基于给定信息下对相关量不完全了解的程度，对于具有相同可能性的随机事件认为具有相同的概率。在进行测量不确定度的贝叶斯评定时，与测量结果推断或不确定度评定相关的每一个物理量均被分配一个随机变量，分布宽度常用标准差表示，反映了对未知真值了解的程度。

按照贝叶斯理论，与测量或相关评定工作有关的每一个物理量均被分配一个随机变量，尽管每一个估计量和它所表示的相关被测量是不相同的，但它是用来估计被测量的待定真值的。为了简便，估计量、估计量的值和该被测量均用相同的符号表示，如用符号来表示样本，同时也用相同的符号来表示样本值，这可从上下文区别，不会发生混淆，因为样本是随机变量，而样本值是一些常量，这与经典统计理论是不同的。

1.4.2 微生物常用的分子标记

在众多的基因序列中，原核生物细胞中的rRNA基因中的16S rDNA碱基序列是相对保守的，通过比较分析目标微生物与其他微生物之间的16S rDNA序列的同源性，可以真实地揭示它们亲缘关系的距离和系统发育地位（So & Young，1999）。

20 世纪 80 年代以来，16S rRNA 基因作为一种理想的基因片段在原核生物系统发育分析及分类地位的确定中发挥了重要作用（图 1-1），同样在硫酸盐还原菌的系统发育研究中也得到了广泛的应用（李建军等，2009；Higashika，et al，2012）。然而，该基因的高度保守性也是它不容忽视的缺点，使其不能很好地确定属内以下分类单元之间的关系（Castro，et al，2000；Dojka，et al，1998）。

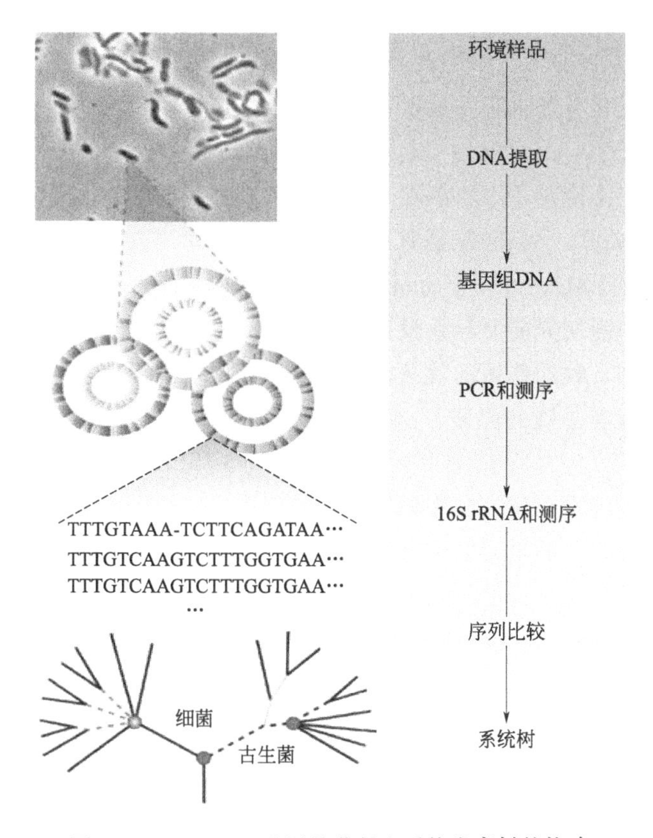

图 1-1 16S rRNA 基因的获得和系统发育树的构建

在硫酸盐还原菌的分子系统发育研究中，异化型亚硫酸还原酶（DSR）编码基因也曾受到广泛的关注（Zverlov，et al，2005；Geets，et al，2006；Shabir，et al，2007）。*dsr* 基因片段长度为 1.9kbp，包括亚硫酸还原酶 α 和 β 亚基的部分序列。该酶是微生物硫酸盐呼吸过程中的一个关键酶，可催化亚硫酸盐还原为硫化物，几乎所有类群的硫酸盐还原菌中都含有该酶的基因。Dhillon 等（2003）的研究表明，在 SRB 的系统发育研究中 *dsr* 基因比 16S rRNA 基因更有效，*dsr* 基因能够区分出更小的分类单元。

1.4.3 分子系统学存在的问题

随着分子系统学研究的不断深入，人们发现仅通过比较个别基因的遗传变异是不够的，基于个别基因序列分析物种的地理起源和系统发育关系仍存在许多疑问（吉莉等，2010），可能全基因组才能更真实地反映这一进化过程，但为了简化分类过程并且尽可能正确，采用一些基因共同分析是不错的选择（Shabir，et al，2007；Begerow，et al，2010）。

很显然，不论是 16S rRNA 还是 *dsr* 基因都不能够完全正确地反映所有类群的进化关系，可能需要其他一些基因及基因序列共同分析，例如 *bam*A、ITS、LSU、HSP、*tubulin*、GST、*gyr*B、*rpo*B 等。微生物对环境的适应性和强变异能力导致没有一个基因能完美真实地反映它们的分类地位和进化关系，我们能做的就是在这棵生命大树上继续完善。要想对硫酸盐还原菌进行客观正确的界定，必须建立在多特征、多序列综合分析的基础之上。

然而，系统发育研究工作似乎并不能解决日益减少的分类学家和各界研究学者对物种鉴定的迫切需求之间的矛盾，因为在很多时候人们似乎只想知道眼前的这种东西是什么，至于它在长期的系统演化过程中所处的位置似乎并没有那么重要，DNA 条形码技术应运而生，通过该技术可以实现非专家的物种鉴定。

1.4.4 DNA 条形码研究

DNA 条形码是近年发展最为迅速的学科之一，2003 年由加拿大动物学家 Hebert 首次提出（Hebert，et al，2003）。顾名思义，它是使用一段标准的 DNA 片段作为条形码，像超市商品上粘贴的条码一样，通过扫描实现对物种快速、准确的鉴定（图 1-2）。

1.4.4.1 DNA 条形码的概念

DNA 条形码（DNA barcode）是指生物体内能够代表该物种的、标准的、有足够变异的、易扩增且相对较短的 DNA 片段。DNA 条形码已经成

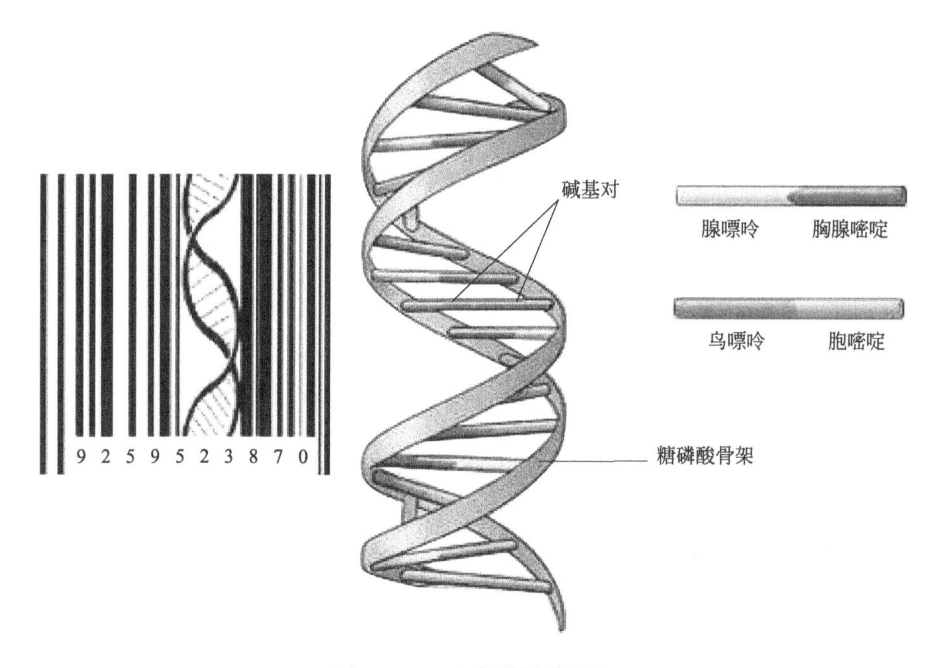

图 1-2　DNA 条形码的理念

为生态学研究的重要工具，不仅用于物种鉴定，同时也帮助生物学家进一步了解生态系统内发生的相互作用。在发现一种未知物种或者物种的一部分时，研究人员便描绘其组织的 DNA 条形码，而后与国际数据库内的其他条形码进行比对，如果与其中一个相匹配，研究人员便可确认这种物种的身份。DNA 条形码技术是利用生物体 DNA 中一段保守片段对物种进行快速准确鉴定的新兴技术。

1.4.4.2　理想 DNA 条形码的标准

理想的 DNA 条形码应当符合下列标准：

① 具有足够的变异性以区分不同的物种，同时具有相对的保守性；

② 必须是一段标准的 DNA 区以尽可能鉴别不同的分类群；

③ 目标 DNA 区应当包含足够的系统进化信息以定位物种在分类系统（科、属等）中的位置；

④ 应该是高度保守的引物设计区以便于通用引物的设计；

⑤ 目标 DNA 区应该足够短以便于有部分降解的 DNA 的扩增。

DNA条形码作为生物种水平鉴定的工具引人注目。基因库中*COI*（线粒体细胞色素氧化酶Ⅰ亚基基因）序列正在快速增加。Min等（2007）分析了*COI*序列及其来源基因组核苷酸含量之间的关系，结果表明849个*COI*基因的5′端的DNA条形码序列令人惊奇地准确地代表了其来源完整线粒体基因mtDNA的重要信息，也就是说对于未测序的基因组，从DNA条形码就能快速预知完整基因组的组成。

1.4.4.3 DNA条形码的应用

条形码技术（barcode techniques）是为实现对信息的自动扫描而设计的，它在零售业的发展过程中起到了重要作用，节省了交易时间，提高了销售效率。随着分子生物学技术和生物信息学的发展，基于DNA条形码技术进行鉴定和分类的研究已成为生物分类学研究中引人注目的新方向和研究热点。

关于DNA条形码的大量报道见之于相关学术刊物和其他媒体上，如*Science*，*Nature*，*PNAS*，*The NewYork Times*，*National Geographic News*等。生物条形码协会（Consortium for the Barcode of Life）已有40个国家的130多个研究单位参与其中。2007年5月10日，世界上第一个DNA条形码鉴定中心在加拿大奎尔夫大学成立。

线粒体细胞色素氧化酶Ⅰ亚基基因（*COI*）由于其片段较小、进化速率适中，是最早作为DNA条形码进行物种鉴定的DNA序列（Hebert，et al，2003）。*cox*2-3 spacer、ITS2、*psb*A-*trn*H等基因片段也曾作为DNA条形码进行物种鉴定，但*COI*基因仍是比较公认的DNA条形码，广泛应用于动植物的物种鉴定。随着研究的深入，*COI*基因作为条形码在动物界中广泛适用，甚至可以鉴定同一物种不同的发展阶段及种群内物种的等级（徐罗娜等，2014）。*COI*基因比较适合种间系统发育研究（Rueness，2010）。该基因也可用于藻类的系统发育研究，Saunders在2005年才为该基因设计了引物，从此开始了其在藻类植物中的应用。短短几年，它已经作为DNA条形码成功用于藻类的鉴定（Saunders，2005，2008，2009；Robba，et al，2006；Lane，et al，2007；House，et al，2008，2010；Kucera & Saunders，2008；Sherwood，et al，2008；McDevit & Saunders，2009；Clarkston & Saunders，2010；Le Gall & Saunders，2010；Manghisi，et al，2010；Rueness，2010）。

在植物类群中，似乎还没有找到真正理想的DNA条形码（任保青和陈之瑞，2010），更倾向于由一些基因片段（如 *rbc*L 和 *mat*K 等）共同构成条形码（CBOL Plant Working Group，2009），但这些条形码不论从片段大小、分辨能力还是通用性等方面均不如动物的 *COI* 序列。与动植物类群的研究相比，微生物 DNA 条形码技术研究进展相对缓慢，目前尚处于探索阶段，而且大都集中在以 *ITS* 序列为核心对一些真菌类群的研究上（Begerow，et al，2010；陈士林等，2013；林慧娇等，2013）。

2010 年 8 月，有关真菌 DNA 条形码的国际会议在北京中科院微生物研究所顺利召开。DNA 条形码技术已成为微生物资源管理和研发的新思路和新技术，这一技术不仅会进一步发展传统的分类学研究，更会加速微生物资源的保藏、鉴定工作，推动微生物资源的更有效利用。

目前，DNA 条形码技术的成功运用，是建立在条形码数据库的不断充实和扩展的基础之上的，结合计算机信息系统，才有望实现物种鉴定的标准化和自动化，在生物分类学方面发挥巨大作用。因此，对硫酸盐还原菌开展 DNA 条形码研究，并对目的条形码的性能和有效性做出相应的分析和评价是十分必要的。

虽然分子生物学手段为硫酸盐还原菌的分类系统提供了一些科学支持，但仍存在一些问题尚未解决，系统发育树的节点支持率较低，生物地理格局还没有得到解释，分子标记单一，大量的基因序列需要扩充，DNA 条形码研究尚属空白。因而进一步完善其分类系统，建立科学有效的分类方法，是需要解决的一个重要的科学问题。

1.4.5 我国污染场地现状

目前我国土壤环境管理还存在一些问题，日益严重的土壤污染对社会发展产生不利影响，威胁着人们的身体健康与生命安全。对此，必须加大对土壤环境的管理力度，解决土壤污染问题，保证土壤环境管理工作成效。污染场地土壤环境管理与修复工作是一项系统性工程，需立足当前土壤环境管理与修复工作实际状况，采取有效措施加以优化，为土壤修复提供可靠方案。

1.4.5.1 耕地土壤污染愈加严重

耕地土壤是生产粮食、蔬菜和纤维的自然资源，是农业的基本生产资料。据估计，目前全国有 1/10 的耕地面积受到不同程度的污染，导致每年有千万吨粮食的污染物含量超标。每年有大量谷物污染物含量超标，常见污染问题就是重金属、农药、抗生素等污染，且呈现出污染源多、污染途径广、污染物杂的特点，土壤复合或混合污染区域不断扩展到各个方向。

大量监测与分析结果表明，尽管我国耕地土壤肥力呈上升态势，但耕地土壤环境却逐年恶化，土壤污染问题日益严峻。根据国家环境保护局（现生态环境部）公布的数据显示，1989 年全国有 600 万公顷农田受到污染，占当年总耕地面积的 4.6%。1990 年全国遭受工业“三废”（废水、废气和固体废物）和城市垃圾危害的农田达 667 万公顷，占当时全国总耕地面积的 5.1%，其中农药、化肥和农用地膜等化学物质的污染已影响到农业生态环境质量。1991 年全国有 1000 万公顷的耕地受到不同程度的污染，占当年总耕地面积的 7.7%。2000 年对我国 30 万公顷基本农田保护区土壤进行有害重金属抽样监测发现，有 3.6 万公顷土壤重金属超标，超标率达 12.1%。2007 年，赵其国院士的研究结果表明，我国受重金属污染的耕地超过 2000 万公顷，受农药污染的耕地达 933 万公顷，受污水灌溉污染的耕地达 217 万公顷，受工业废渣污染的耕地已超过 10 万公顷。首次全国土壤污染状况调查结果表明，全国耕地土壤点位超标率为 19.4%，其中轻微、轻度、中度和重度污染点位比例分别为 13.7%、2.8%、1.8%和 1.1%，主要污染物为镉、镍、铜、砷、汞、铅、滴滴涕和多环芳烃。2011 年，罗锡文院士的研究结果表明，全国有 2000 万公顷耕地正在受到重金属污染的威胁。上述研究结果表明，我国受污染耕地面积逐年增加，污染问题日益严重。

1.4.5.2 工业污染显著增加

20 世纪 90 年代，我国大批工业企业陆续搬迁、改造或关闭停产，粗放式环境管理模式使得工业废水排放无序、泄漏，金属渣违规堆放导致大量有毒有害重金属、有机污染物侵入厂区及周边区域土壤和地下水，严重威胁了周边居民的生命安全。

根据《中国环境年鉴》（1996～2010）（图 1-3），1995～2009 年我国关停并转迁企业总数达到 230000 个。15 年间，山西省关停并转迁企业数最多，达到 32000 个以上；其次是河南、河北、贵州、浙江、山东、江苏和四川等省份，其关停并转迁企业数均超过 10000 个。而据《中国城市建设统计年鉴》（2007～2016）数据显示，我国市区面积 2015 年年底达到 207 万平方千米，较 2010 年增加了 9.28%。城市面积扩增导致其受工厂企业遗留的大量有毒有害重金属、有机污染物的比例大大提高。

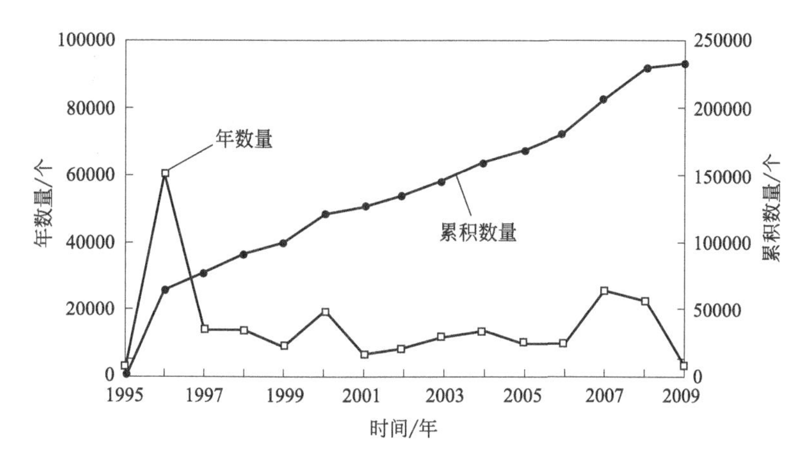

图 1-3 我国工业企业关停搬迁趋势（1995～2009 年）

根据国家生态环境部的不完全统计，目前我国厂区及周边区域的污染已经侵入土壤和地下水，目前我国面积大于 1 万平方米的污染场地超过 50 万块。2014 年《全国土壤污染状况调查公报》显示，全国土壤污染点位总超标率为 16.1%，如图 1-4 所示，重污染企业和工业废弃地等污染地块是导致我国土壤污染的主要原因。

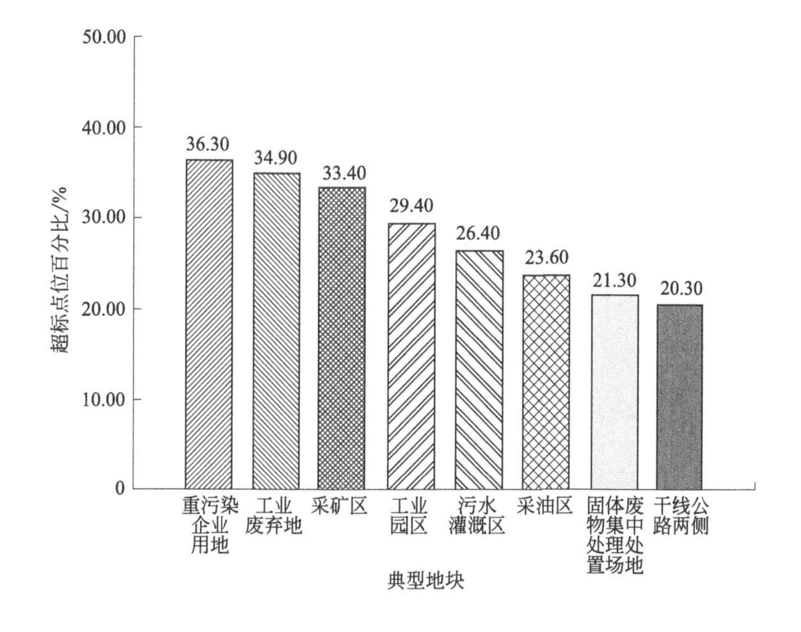

图 1-4 典型地块及其周边土壤超标点位污染状况

1.4.5.3 金属矿区与采油区存在严重土壤污染

在人类社会发展过程中，大力开发自然资源以及发展加工制造业等对生态环境造成了严重破坏。一些矿区在重金属和有机污染物等污染下被严重破坏，石油产品也导致存在石油污染的土壤。我国出现植被破坏、群落微生物变化、水质污染等环境问题，对土地利用功能造成严重损害，并引发环境问题和生态问题。

我国是世界第三大矿业大国，现有各类矿山4000多个。矿产资源的开采、冶炼和加工对生态破坏和环境污染严重。据估计，我国受采矿污染的土壤面积至少有200万公顷。在土壤受到污染时，粮食减产、蔬菜叶子枯黄及卷缩、部分果树死亡等现象极为普遍，食用受污染的土壤所产的粮食；对动物也造成了一定的影响，如羊齿脱落、儿童龋齿率达40%。在广东省韶关大宝山矿区某村，由于长期使用有毒废水灌溉造成严重的土壤重金属污染，严重危及当地村民健康。诸如此类的土壤污染与健康问题在我国的其他一些省份都有发生。除了土壤重金属污染外，还存在矿区土壤酸化、爆炸物污染等复合环境问题。

油田区土壤长期受到原油、油泥和石油废水等污染。目前，我国油田区土壤污染面积约有480万公顷，占油田开采区面积的20%～30%，最高的土壤含油量超过环境背景值的1000倍。有的油田区长期积存未经处理的以含油污泥为主的石油固体废物，堆放量超过300万吨，已成为油田区土壤污染的主要来源（图1-5）。土壤中石油类污染物组分复杂，主要有C_{15}～C_{36}的烷烃、烯烃、苯系物、多环芳烃、酯类等，其中美国规定的优先控制污染物多达30余种。我国油田区广泛存在的石油污染土壤问题，引起了土壤结构与性质改变、植被破坏、微生物群落变化、土壤酶活性降低、水体污染等，严重影响了土地的使用功能，带来了环境风险和生态健康问题。

1.4.6 土壤环境污染原因、危害与种类

1.4.6.1 土壤环境污染原因

土壤环境是一个开放的系统，土壤环境质量受多重因素叠加的影响，在局部范围人类活动对土壤污染的影响更为突出。其中，化肥的过量和不合理使用、重金属污染、农药污染、污水灌溉等会造成土壤污染。

(a)

(b)

图 1-5 采油厂造成的土壤污染

(1) 化肥的过量和不合理使用

众所周知，化肥的合理使用会使农作物增产，但是有些农民过分追求高产，片面地认为化肥施用量越多，农作物产量越高，从而出现了过量施肥现象。然而，化肥的不合理施用会对农业系统造成污染，大量施用化肥及不合理的科学配比会使土壤质量变差，导致农业生产力下降和土壤流失，会造成土壤板结、酸化、地力下降。此外，土壤重金属超标、温室效应均与过量施肥有直接关系。而且不合理施肥带来了肥料利用率低下、果实品质下降、水土富营养化和温室气体排放等问题。

(2) 重金属污染

随着社会的快速发展，我国土壤面临严重的重金属污染问题，主要包括铅、汞、铜、锌和镍等重金属含量超标。例如，燃煤发电、矿山开采等工业生产中排放的“三废”物质直接或间接进入土壤环境，大多数废弃尾矿在雨水淋溶及自然风化过程中向土壤环境释放，造成土壤重金属染；使用含重金属的污水进行灌溉也会使重金属转入土壤中。此外，畜禽粪便中也会含有一定的重金属，长期不合理使用畜禽粪便也会造成土壤重金属污染。土壤重金属污染会通过食物链进入人体，危害人体健康。

(3) 农药污染

土壤的农药污染主要是由有机磷和有机氯农药造成的，化学农药在生产中是必不可少的生产资料，在防治病虫害、杂草以及保证中国1.2亿公顷耕地绝不退化方面有重要的作用，但是农药的过量使用带来了土壤污染问题。被农药长期污染的土壤会出现土壤酸化现象，造成土壤养分损失；土壤孔隙度会变小，使土壤容易板结；会影响土壤生物活性，对土壤微生物环境有一定的破坏作用。

(4) 污水灌溉

生活污水中含有氮、磷、钾等植物所需的养分，合理地使用污水灌溉一般有增产效果。但是，污水中含有重金属、酚等许多有害物质，如果污水没有经过处理而直接用于灌溉，则会引起土壤污染，进而危害人体健康。土壤的净化与缓冲能力是有一定限度的，长期使用未经处理、未达标的污水灌溉土壤，水体中的重金属、有机污染物、悬浮固体物质含量超过了土壤自净能力就会出现土壤污染，进而导致土壤的物理性质、化学性质发生改变，使土壤环境恶化，引起土壤结构和功能变化，使得生态系统遭到破坏。

1.4.6.2 土壤环境污染危害

在土壤环境管理工作不到位，其污染物组成比较复杂的情况下，会加重土壤环境污染问题，不利于农作物种植，影响人们的身体健康。

首先，土壤环境污染会影响农作物品质与产量。土壤中所含污染物超出植物本身的忍耐限度，就会直接导致植物的吸收与代谢失调。某些残留于植物中的有机污染物会对植物的生长与发育造成不良影响，甚至可能引发植物遗传变异。例如，Zn、Co、Cu等重金属以及类金属物质就会使植物的生长发育受阻，苯酚、油类等有机污染物会导致作物不开花授粉、叶片发红、矮小等问题。农作物一般是通过根部从土壤中吸收相关物质的，若土壤已经被重金属污染，则这些重金属也会通过作物的根部逐渐被传送到体内，其残留量在作物体内不同部位的分布具有不均匀性。例如，对于镉这种重金属来说，其残留量最高的部位通常为植物根部，其次依次为茎叶、荚、籽。被污染的农产品其储藏品质和加工品质不能满足深加工的要求。

其次，土壤环境污染问题会威胁人们的身体健康。在人类的活动中，土壤中的有害物质会通过食物、呼吸和皮肤接触等方式直接进入人体内，引起人体的病变，危害人体健康。

① 土壤灰尘中含有细菌、病毒以及霉菌，并通过大气扩散，可以导致呼吸道疾病如哮喘病的急剧增加。

② 土壤中还含有一些有毒害的挥发性有机物，如土壤中残留的有机农药进入人体后会引起急性与慢性中毒、神经系统紊乱以及“三致”(致突变、致畸和致癌）作用。

③ 人体不可避免地暴露于土壤物质中，因此皮肤接触也成为土壤影响人体健康的一个重要途径。土壤中的有毒有害物质和皮肤接触后，严重时容易导致一些不良病症，如贫血、胃肠功能失调、皮肿等。

许多低浓度有毒污染物属环境激素类物质，其影响是缓慢的和长期的，可能长达数十年乃至数代人。有机氯农药在中国虽已禁用近 20 年，但各种农产品中仍有残留，危害可达几十年，并通过食物链富集后，其浓度往往比最初在环境中的浓度高出万倍以上，对人体健康影响巨大，甚至造成区域性疾病的发生。有调查表明，已经禁止使用多年的农药“六六六”和“滴滴涕”，目前婴儿自母乳中摄入的量仍高于相应的每日允许摄入量。研究表明，人体摄入或富集的 Cd、Hg、Pb、Cr、As、Sn、Cu、Zn 等重金属含量增高，会引起风湿性关节炎、骨痛病、肾炎、溃疡病、贫血、高血压、冠状动脉硬化等疾病，并可引发皮肤癌、食道癌、宫颈癌、肝癌、鼻咽癌等一系列癌症以及造成慢性中毒，等等。

最后，土壤环境污染会破坏生态环境。土壤污染具有一定的连续性，通过生态系统这一重要媒介，可形成循环污染，这一恶性循环对环境的破坏是极其严重的。例如，某些土壤污染物并非出现在土壤的内部，而是停留在土壤表面，在大风、暴雨等天气的作用下，这些污染物会进入到其他生态系统之中，并散布于自然界的不同角落，对其他环境系统造成危害，如污染地下水、污染大气等，最终形成一条庞大的污染循环链条。

1.4.6.3　土壤环境污染种类

按照污染物属性一般可以把污染类型分为有机型污染、无机型污染、微生物型污染和放射型污染。

(1) *有机型污染*

有机型污染主要是指工农业生产过程中排放到土壤中难降解的农药、石油烃、酚类、多环芳烃、多氯联苯、二噁英和洗涤剂等物质对土壤环境产生的污染。有机污染物进入土壤后，影响土壤理化性质，危及农作物的生长和土壤生物的生存，改变土壤微生物区系。研究表明，被二苯醚污染的稻田土壤可造成稻苗大面积死亡，泥鳅、鳝鱼等生物绝迹；长期施用除草剂阿特拉津的旱田土壤，影响作物的光合作用，改变土壤微生物区系。另外，随着地膜覆盖技术的迅猛发展，由于使用的农膜难降解，加之管理不善，大部分农膜残留在土壤中，破坏了土壤结构，已成为一种新的有机污染物。

（2）无机型污染

无机型污染主要是指无机类化学物质对土壤造成的污染，包括自然活动和人类工农业生产过程中排放的重金属、酸、碱、盐等物质对土壤环境造成的污染。无机污染物通常会通过降水、大气沉降、固体废物堆放以及农业灌溉等途径进入土壤。重金属污染土壤由于危害大、面积广、治理难等原因，已经成为无机型污染中最主要的污染类型。工业排放的酸、碱、盐类物质通过干湿沉降和污水灌溉等途径进入土壤，加之农业不合理施肥、灌溉，土壤酸化、碱化和盐渍化已成为限制农业生产发展的一大障碍。

（3）微生物型污染

微生物型污染是指有害微生物进入土壤，大量繁殖，改变微生物区系，破坏原有的动态平衡，对土壤生态系统造成的污染。造成土壤微生物型污染的物质来源主要是未经处理的粪便、医疗废弃物、城市污水和污泥、饲养场与屠宰场的污物等，尤其是传染病医院未经消毒处理的污水与污物危害更大。有些病原菌能在土壤中存活很长时间，不仅危害人体健康，而且容易导致农作物产生病害，影响作物产量和品质。

（4）放射型污染

放射型污染是指人类活动排放出的高于自然本底值的放射性物质对土壤造成的污染。放射性核素可通过多种途径进入土壤，如核试验、放射性物质的排放、核设施泄漏和大气中放射性物质沉降等。放射性物质衰变后能产生放射性 α 射线、β 射线，这些射线能穿透生物体组织，损害细胞，对生物体造成危害。

第2章

硫酸盐还原菌的形态学研究方法

2.1 硫酸盐还原菌的形态观察

硫酸盐还原菌（sulfate-reducing bacteria，SRB）属于厌氧型还原菌，其扫描电镜图如图 2-1 所示，它广泛分布于土壤、水稻田、海水、盐水、自来水、温泉水、地热地区，油井和天然气井，含硫沉积物，河底污泥、污水，绵羊瘤胃、动物肠道等环境中，它们生长的适宜 pH 值范围为 6.5～7.5，温度为 36～38℃。大部分硫酸盐还原菌嗜中温，中度嗜盐，在偏碱性的环境中生长。硫酸盐还原菌的形态和营养也十分多样化，其常见的形态有杆状、短杆状、椭圆状或长丝状。

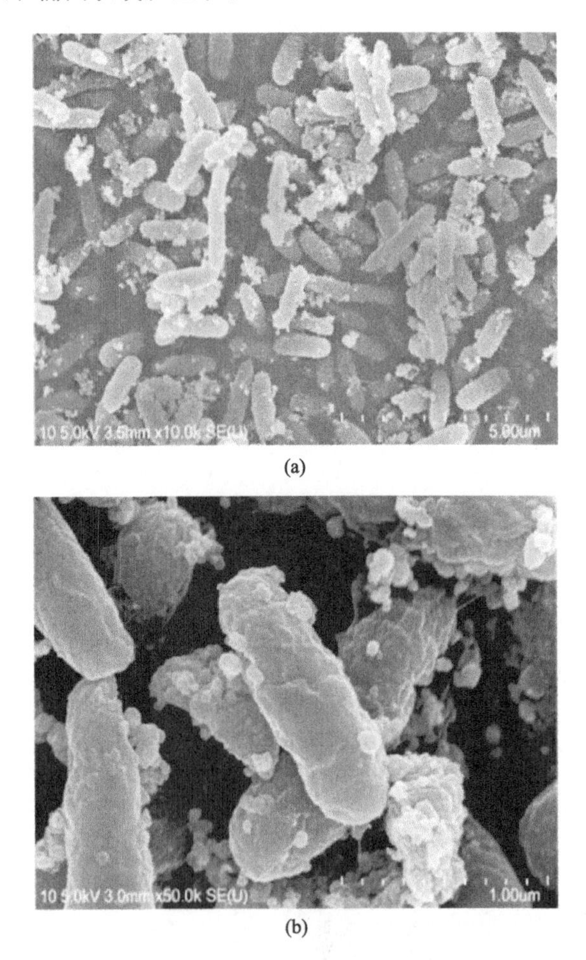

(a)

(b)

图 2-1　硫酸盐还原菌的扫描电镜图

2.1.1　硫酸盐还原菌的个体形态

细胞为革兰氏染色阴性，无芽孢，大多数有单极生鞭毛，能进行摇摆式或螺旋式运动。细胞生长形态有卵圆形、短棒状、弧杆状、杆状。成型细胞基本为细小弧状、杆状，大小为 0.35～0.55mm，细胞呈单个或成对存在。

2.1.2　硫酸盐还原菌的群体形态

硫酸盐还原菌的群体形态特征主要是指菌落。把纯种的硫酸盐还原菌用无菌操作的方式接种到另一种培养基上，置于一定的温度下，经过一定的时间培养后，在培养基的表面或里面由一个菌体繁殖而积累了许多菌体细胞，出现了肉眼可见的群体，这种菌体称为菌落。菌落形态取决于组成菌落的细胞结构和生长行为。所以菌落的形态特征可以作为鉴别硫酸盐还原菌和分类的依据之一。SRB 菌落早期为乳黄色，湿润光滑，直径为 0.5～1mm；后期菌落略带绿黑色，光滑，直径 1～2mm，420nm 波长处产蓝绿色荧光（东秀珠和蔡妙英，2001）。

2.1.3　细菌细胞的结构形态

SRB 的细胞虽小，但内部结构相当复杂，包括细胞壁、细胞膜、细胞质和内含物；而鞭毛、芽孢是某些 SRB 在一定条件下所具有的结构，属于特殊结构。

2.1.3.1　细菌细胞的基本结构

（1）细胞壁

细胞壁是包在细胞表面较为坚韧且略具弹性的结构，一般厚度为 10～80nm。细胞壁用于维持细胞外形，并使细胞免受机械损伤和渗透压的破坏。硫酸盐还原菌细胞壁的主要成分是肽聚糖。1884 年，Gram 发现一种染色方法，可将所有细菌分为两种类型，这种方法称为革兰氏染色法。即用草酸铵结晶紫液再加碘液使菌体着色，继而用乙醇脱色，再用番红复染。经此法染色后的细菌分为两类：一类经乙醇处理后仍然保持初染的深紫色，称为革兰氏阳性菌，以“G^{+}”来表示；另一类硫酸盐还原菌为革兰氏阴性菌，经乙醇脱色后迅速脱去原来的着色，以“G^{-}”来表示。

（2）细胞膜

细胞膜又称为细胞质膜或原生质膜，是紧靠在细胞壁内侧的、柔软而富有弹性的薄膜。细胞膜的主要成分是磷脂（约40%）、蛋白质（约60%）及多糖（约2%）。磷脂形成膜的基本结构，构成双分子层，蛋白质镶嵌于其中。细胞膜是具有选择性的半渗透膜，可控制细胞内外一些物质的交换渗透作用，同时还是许多酶系统的主要活动场所。

（3）细胞质及其内含物

细胞质是一种无色透明、黏稠的胶体，是细胞的内在环境，含有多种酶系统，是细胞新陈代谢的主要场所。细胞质内常含有各种物质，它们大多数是细胞的储藏物质，有些是细胞的代谢物质，统称为内含物。内含物的化学成分主要是糖类、脂质、含氮化合物以及无机物等。同一菌种在同一条件下常含有一定的内含物。

2.3.1.2 细菌细胞的特殊结构

（1）芽孢

某些硫酸盐还原菌在其生长的一定阶段，细胞质浓缩聚集在细胞内形成一个圆形、椭圆形或圆柱形的特殊结构，称为芽孢。芽孢含水量低，又具有厚而致密的壁，所以对化学药品、干燥、高温等具有很强的抵抗力。芽孢由于这种特性，对食品工业的灭菌有一定的影响。

（2）鞭毛

运动性细胞的表面，有一根或数根由细胞内渗出的细长、弯曲、毛发状的丝状物，称为鞭毛。鞭毛是运动器官，非常细，因此只有用特殊的鞭毛染色法使染料沉积在鞭毛上，加大其直径，方可在光学显微镜下看到。它的着生状态决定硫酸盐还原菌运动的特点。

2.2 细菌的简单染色和革兰氏染色

简单染色法是利用单一染料对细菌进行染色的方法。此法操作简便，适用于菌体一般形态和排列的观察。

革兰氏染色法是细菌学中广泛使用的一种重要的鉴别染色法，属于复染法。这种染色法是由丹麦病理学家C. Gram（1884）发明的，最初用来鉴别肺炎球菌与克雷伯肺炎菌。

革兰氏染色法一般包括初染、媒染、脱色、复染四个步骤。未经染色的细菌，由于其与周围环境折射率差别甚小，故在显微镜下极难区别。经染色后，阳性菌呈紫色，阴性菌呈红色，可以清楚地观察到细菌的形态、排列及某些结构特征，从而可用于分类鉴定。

2.2.1　实验目的

学习细菌的简单染色和革兰氏染色（以硫酸盐还原菌为例）。

2.2.2　实验材料

（1）材料与试剂

① 活材料：硫酸盐还原菌（SRB）。

② 染色液和试剂：结晶紫染色液、鲁氏（Lugol's）碘液（革兰氏染色用）、95％乙醇、番红染色液、苯酚酸复红染色液、二甲苯、香柏油。

③ 器材：废液缸、洗瓶、载玻片、接种杯、酒精灯、擦镜纸、显微镜。

（2）染色剂的配制

1）结晶紫染色液

① 溶液 A：结晶紫 2.5g，乙醇（95％）25.0mL。

② 溶液 B：草酸铵 1.0g，蒸馏水 100.0mL。

将结晶紫研细后，加入 95％乙醇使之溶解，配成 A 液；将草酸铵溶于蒸馏水配成 B 液；两液混合即成结晶紫染色液。

2）鲁氏碘液

碘 1.0g，碘化钾 2.0g，蒸馏水 300.0mL。

将碘化钾溶解在一小部分的蒸馏水中，再将碘溶解在碘化钾溶液中，然后加入其余的蒸馏水即成。

3）番红染色液

番红 2.0g，蒸馏水 100.0mL。

4）苯酚酸复红染色液

① 溶液 A：碱性复红 0.3g，乙醇（95％）25.0mL。用玛瑙研钵研磨配制。

② 溶液 B：苯酚 5.0g，蒸馏水 95.0mL。

混合溶液 A 及溶液 B 即成。通常可将原液稀释 5～10 倍使用。稀释液易变质失效，一次不宜多配。

2.2.3 实验原理

2.2.3.1 简单染色的实验原理

由于硫酸盐还原菌体积小、菌体透明，活体细胞内含有大量水分，且对光线的吸收和反射与周围背景没有显著的明暗差，因而很难在普通光学显微镜下观察它们的形态和结构。只有经过染色，借助颜色的反衬作用才可看清菌体形态以及菌体表面结构。染色技术是观察微生物形态结构的重要手段。

能够使微生物着色的化合物称为染色剂，染色剂一般都是成盐化合物。目前普遍采用的微生物染色剂多为苯的衍生物，其化学结构中除含有苯环外，还连接有发色团和助色团。发色团可使化合物显色，而助色团则能增加色度，并因具有电离特性，可与菌体细胞相结合，从而使其着色。

含有酸性助色团（如—OH）的染色剂称为酸性染色剂，其电离后分子带负电，可与钠、钾、钙、铵等离子结合，多用于细胞质的染色，如酸性品红、刚果红等。含有碱性助色团（如$—NH_2$）的染色剂称为碱性染色剂，其电离后分子带正电，主要用于细胞核和异染粒等酸性细胞结构的染色。由于细菌细胞质中布满核物质和异染粒等结构，因此细菌染色一般采用碱性染色剂，通常包括氯化物、硫酸盐、醋酸盐或草酸盐等。

细菌的简单染色，即只利用一种染色剂使菌体着色。此法操作简单，适用于细菌形态的观察。通常细菌的简单染色采用碱性染色剂，如结晶紫或碱性品红等，碱性染料不是碱而是一种盐，电离时染料离子通常带正电荷。而在中性、碱性或弱酸性的溶液中，细菌细胞通常带有负电荷，这样带正电荷的染料离子就容易与带负电荷的菌体细胞相结合并使其着色。染色后便于观察细菌的形态、大小和排列方式等特征。

2.2.3.2 革兰氏染色的原理

革兰氏染色可将所有的细菌区分为革兰氏阳性菌（G^+）和革兰氏阴性菌（G^-）两大类，是细菌学上最常用的鉴别染色法。该染色法之所以能将细菌分为G^+菌和G^-菌，是因为一般认为革兰氏染色是基于细菌细胞壁特殊化学组分进行染色的。

通过初染和媒染后，细胞内形成了不溶于水的结晶紫与碘大分子复合物。革兰氏阳性细菌由于细胞壁较厚、肽聚糖含量较高和其分子交联度较紧密，故在用乙醇洗脱时，肽聚糖网孔会因脱水而明显收缩，加上它基本不含脂质，故乙醇处理不能在细胞壁上溶出缝隙，因此结晶紫与碘复合物仍牢牢阻留在细胞壁内，使其呈现紫色。而革兰氏阴性细菌因其壁薄、肽聚糖含量低和交联松散，故遇乙醇后肽聚糖网孔不易收缩，加上它脂质含量高，所以当乙醇把脂质溶解后，在细胞壁上就会出现较大缝隙，复合物容易溶出细胞壁，因此通过乙醇脱色后细胞又呈无色。这时再用红色染料进行复染，革兰氏阴性细菌将获得一层新的颜色——红色，而革兰氏阳性菌则仍呈紫色。

2.2.4　实验方法

2.2.4.1　简单染色

（1）涂片

取干净载玻片一块，在载玻片的左、右各加 1 滴蒸馏水，按无菌操作法取菌涂片，做成浓菌液。再取干净载玻片一块，将刚制成的 SRB 浓菌液挑 2～3 环涂在左边制成薄的涂面，注意取菌不要太多。

（2）晾干

让涂片自然晾干或者在酒精灯火焰上方文火烘干。

（3）固定

手执玻片一端，让菌膜朝上，通过火焰 2～3 次固定（以不烫手为宜）。

（4）染色

将固定过的涂片放在废液缸上的搁架上，加复红染色 1～2min。

（5）水洗

用水洗去涂片上的染色液。

（6）干燥

将洗过的涂片放在空气中晾干或用吸水纸吸干。

（7）镜检

先低倍观察，再高倍观察，并在找出适当的视野后将高倍镜转出，在涂片上加香柏油 1 滴，将油镜头浸入油滴中仔细调焦观察细菌的形态。

2.2.4.2　革兰氏染色

革兰氏染色的操作程序为：涂片→干燥→固定→结晶紫染色 1min→水洗→碘液媒染 1min→水洗→95%乙醇脱色 20～25s→立即水洗，番红复染

5min→水洗→晾干或用吸水纸吸干。

(1) 制片

取硫酸盐菌种培养物常规涂片、干燥、固定。要用活跃生长期的幼培养物进行革兰氏染色；涂片不宜过厚，以免脱色不完全造成假阳性；火焰固定不宜过热（以玻片不烫手为宜)。

(2) 晾干

让涂片自然晾干或者在酒精灯火焰上方文火烘干。

(3) 固定

手执玻片一端，让菌膜朝上，通过火焰2～3次固定（以不烫手为宜)。

(4) 结晶紫染色

将玻片置于废液缸玻片搁架上，加适量（以盖满细菌涂面为度）的结晶紫染色液染色1min。

(5) 水洗

倾去染色液，用水小心地冲洗。

(6) 媒染

滴加鲁氏碘液，媒染1min。

(7) 水洗

用水洗去碘液。

(8) 脱色

将玻片倾斜，连续滴加95%乙醇脱色20～25s至流出液无色，立即水洗。

(9) 复染

滴加番红染色液复染5min。

(10) 水洗

用水洗去涂片上的番红染色液。

(11) 晾干

将染好的涂片放在空气中晾干或者用吸水纸吸干。

(12) 镜检

镜检时先用低倍镜，再用高倍镜，最后用油镜观察。使用油镜观察时注意：在高倍镜下找到合适的观察目标并将其移到视野中心后，将高倍镜旋转至一侧，在待观测的样品区域滴上 1 滴香柏油，将油镜旋转至对准通光孔，油镜镜头此时应刚好浸没在油滴中；将聚光器升至最高位置，打开光圈，调节光线至亮度合适；调节微调焦手轮，使物像清晰；仔细观察并记录观察到的结果。

实验完毕后的处理：使用油镜观察完后，油镜上的香柏油应及时擦拭清理。用镜头纸拭去镜头上的香柏油，然后用镜头纸蘸取少量二甲苯，擦去镜头上残留的油剂，最后用干净的镜头纸擦去残留的二甲苯。注意：擦镜头时应向一个方向擦拭。

2.2.5　注意事项

革兰氏染色成败的关键是乙醇脱色。如脱色过度，革兰氏阳性菌也可被脱色而染成阴性菌；如脱色时间过短，革兰氏阴性菌也会被染成革兰氏阳性菌。脱色时间的长短还受涂片厚薄及乙醇用量多少等因素的影响，难以严格规定。

染色过程中勿使染色液干涸。用水冲洗后，应吸去玻片上的残水，以免染色液被稀释而影响染色效果。

选用幼龄的细菌。若菌龄太老，由于菌体死亡或自溶常使革兰氏阳性菌转呈阴性反应。

2.3　细菌细胞大小的测定

细菌细胞的大小是其重要的形态特征之一，也是分类鉴定的依据之一（以硫酸盐还原菌为例）。但是由于硫酸盐还原菌细胞很小，只能在显微镜下来测量。用于测量微生物细胞大小的工具有目镜测微尺（简称目尺）和镜台测微尺（简称台尺）。

2.3.1　实验目的

了解目镜测微尺和镜台测微尺的构造、原理及使用方法，同时掌握用显微测微尺测量硫酸盐还原菌细胞大小的方法。

2.3.2　实验材料

（1）菌种

硫酸盐还原菌菌种。

（2）器材

光学显微镜、目镜测微尺、镜台测微尺、盖玻片、载玻片、香柏油、滴管、双层瓶、擦镜纸。

2.3.3 实验原理

镜台测微尺是在中央部分刻有精度等分线的载玻片。一般将 1mm 等分为 100 格，每格长度为 10μm，用于校正目镜测微尺。

目镜测微尺是一块可放在目镜内的圆形玻片，其中央一般有 100 等分的小格。目镜测微尺可直接用于测量细胞的大小。由于不同的显微镜或不同的目镜和物镜组合放大倍数不同，目镜测微尺每小格代表的实际长度也不一样。因此，用目镜测微尺测量微生物大小时，必须先用镜台测微尺进行校正，以求出该显微镜在一定放大倍数的目镜和物镜下，目镜测微尺每小格所代表的相对长度，然后根据微生物细胞相当于目镜测微尺的格数，即可计算出细胞的相对大小。

2.3.4 实验内容

2.3.4.1 目镜测微尺的校正

（1）放置目镜测微尺

取出目镜，旋开目镜，将目镜测微尺放在目镜的隔板上（有刻度的一面向下），然后旋上目镜，最后将此目镜插入目镜镜筒内。

（2）放置镜台测微尺

把镜台测微尺放在显微镜载物台上（有刻度的一面向上）。

（3）校正目镜测微尺

用低倍物镜观察，对准焦距，通过调焦能看清镜台测微尺的刻度；移动镜台测微尺和转动目镜测微尺使两者刻度平行；转动推进器从而使两测微尺某段起、止线完全重合，数出两条重合线之间的格数。

用同法分别校正在高倍镜和油镜下目镜测微尺每小格所代表的长度。观察时光线不宜过强，否则难以找到镜台测微尺的刻度；换高倍镜和油镜时，防止物镜压坏镜台测微尺和损坏镜头。

（4）计算目镜测微尺每格的相对长度

由于镜台测微尺每格长 10μm（图 2-2），根据下面的公式即可计算出在不同放大倍数下，目镜测微尺每格所代表的长度。

$$目镜测微尺每格的长度(\mu m)=\frac{两个重合刻度间镜台测微尺的格数\times 10}{两个重合刻度间目镜测微尺的格数}$$

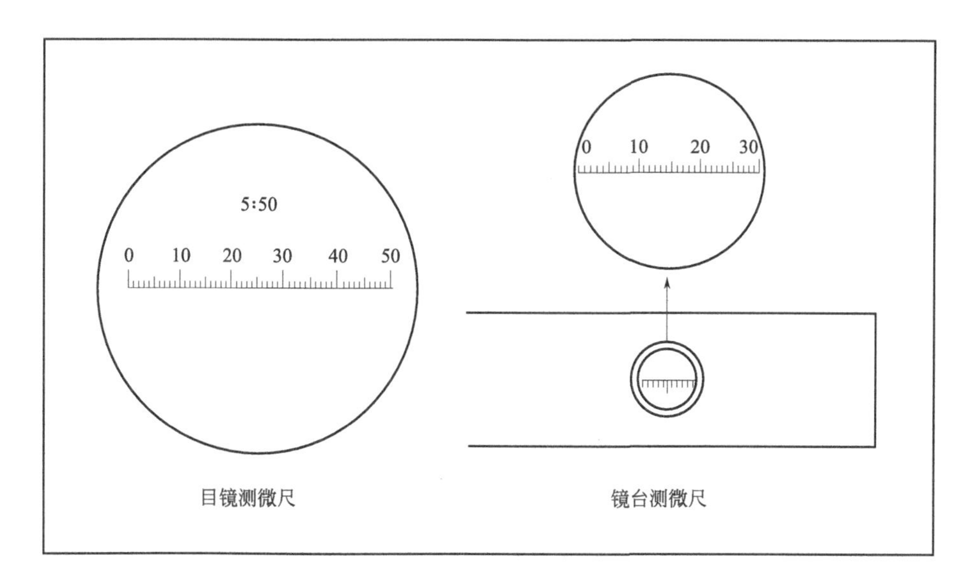

图2-2 目镜测微尺和镜台测微尺

2.3.4.2 细胞大小的测定

目镜测微尺校正完后，取下镜台测微尺，将硫酸盐还原菌制成水浸片放在显微镜载物台上，用高倍镜观察，调至物像清晰后，转动目镜测微尺，测量硫酸盐还原菌细胞的长度和宽度分别占有几个格数（不足一格的部分保留一位小数)，再将测得的格数乘以目镜测微尺每格的相对长度即可求出硫酸盐还原菌细胞的大小。

要求在同一张片上测定10～20个细胞菌体并求出平均值，这样才能代表硫酸盐还原菌细胞的平均大小。

最后取出目镜测微尺，将目镜测微尺和镜台测微尺分别用擦镜纸擦拭后放回盒子内，干燥保存。

2.3.5 数据处理

将实验结果填入表2-1和表2-2。

表 2-1 目尺校正结果

物镜	目尺格数	台尺格数	目尺校正值/格
10×			
40×			
100×			

表 2-2 硫酸盐还原菌大小测定记录表

细胞数	1	2	3	4	5	6	7	8	9	10	11	12	平均值
长/μm													
宽/μm													

2.4 细菌细胞的数量测定

测定硫酸盐还原菌细胞数量的方法有很多，通常采用显微直接计数法和平板计数法。显微直接计数法适用于各种单细胞菌体的纯培养悬浮液，如有杂菌或杂质，则难于直接测定。菌体较大细菌可采用血细胞计数板，一般细菌则采用彼德罗夫·霍泽（Petrof Hausser）细菌计数板。两种计数板的原理和部件相同，只是细菌计数板较薄，可以使用油镜观察。而血细胞计数板较厚，不能使用油镜，计数板下部的细菌难以区分。本节通过显微直接计数法来测定细菌的数目。

2.4.1 实验目的

了解血细胞计数板的构造、原理和计数方法，学会用显微镜直接测定硫酸盐还原菌的总细胞数。

2.4.2 实验原理

血细胞计数板是一块特制的厚型载玻片，载玻片上有 4 条槽从而构成 3 个平台。中间的平台较宽，其中间又被一短横槽分隔成两半，每个半边上面各有一个计数区，计数区的刻度有两种：一种是计数区分为 16 个大方格（大方格之间用三线隔开），而每个大方格又分成 25 个小方格；另一种是一个计数区分成 25 个大方格（大方格之间用双线分开），而每个大方格又分成 16 个小方格。但是不管计数区是哪一种构造，它们都有一个共同特点，即计数区都由 400 个小方格组成。计数区边长为 1mm，则计数区的面积为 $1mm^2$，每个小方格的面积为 $1/400mm^2$。盖上盖玻片后，计数区的高度为 0.1mm，所以每个计数区的体积为 $0.1mm^3$，每个小方格的体积为 $1/4000mm^3$。

使用血细胞计数板计数时，先要测定每个小方格中硫酸盐还原菌的数量，再换算成每毫升菌液（或每克样品）中微生物细胞的数量。

已知：1mL 体积 $=10mm\times10mm\times10mm=1000mm^3$

所以：1mL 体积应含有小方格数为 $1000mm^3/(1/4000mm^3)=4\times10^6$ 个小方格，即系数 $K=4\times10^6$。

因此，每毫升菌悬液中含有细胞数＝每个小方格中细胞平均数(N)×系数(K)×菌液稀释倍数(d)。

2.4.3　实验材料

(1) 活材料

硫酸盐还原菌培养液。

(2) 器材

显微镜、血细胞计数板、盖玻片、计数器、吸水纸、滴管、擦镜纸。

2.4.4　实验内容

(1) 稀释

将硫酸盐还原菌菌悬液进行适当稀释，菌液如不浓，可不必稀释（一般样品稀释度以每小格内有 5～10 个菌体为宜）。

(2) 镜检计数室

在加样前，先对计数板的计数室进行镜检。若有污物，则应清洗后才能进行计数。

(3) 加样品

将清洁干燥的血细胞计数板盖上盖玻片，再用无菌的细口滴管将稀释的硫酸盐还原菌菌悬液于盖玻片边缘滴一小滴（不宜过多），使菌液沿缝隙靠毛细渗透作用自行进入计数室，静置 5～10min 即可计数。

(4) 显微镜计数

将血细胞计数板置于显微镜载物台上，先用低倍镜找到计数室所在位置，然后换成高倍镜进行计数。若选用 25×16 规格的计数板则每个计数室选 5 个中方格，可选 4 个角和中央的中方格（即 80 个小格）；若选用 16×25 规格的计数板，则数四个角（左上、右上、左下、右下）的四个中方格（即 100 小格）中的菌体进行计数。做好记录。

（5）清洗血细胞计数板

使用完毕后，将血细胞计数板清洗干净，干燥后归还。

（6）注意事项

① 加样切勿贪多，一般滴 1 滴即可（最多 2 滴），且计数室内不能产生气泡。

② 计数时，位于格线上的菌体一般只数上方和右边线上的。计数一个样品要从两个计数室中计得的值来计算样品的含菌量。

③ 应在水龙头下用水柱冲洗血细胞计数板，切勿用硬物洗刷，以免损坏网格刻度。洗完后自行晾干或用吹风机吹干，放入盒内保存。镜检，观察每小格内是否有残留菌体或其他沉淀物，若不干净则必须重复洗涤至干净。

2.4.5 数据处理

将实验结果填入表 2-3。

表 2-3 硫酸盐还原菌菌数记录表

计数次数	各格中硫酸盐还原菌的菌数					稀释倍数	每毫升样品的菌数	平均值
	1	2	3	4	5			
第一次								
第二次								

第3章

硫酸盐还原菌的纯培养技术

3.1 SRB富集培养

3.1.1 富集培养基的配制

3.1.1.1 富集培养基的配方

富集培养基配方如表3-1所列。

表3-1 富集培养基

药品名称	化学式	用量
磷酸氢二钾	K_2HPO_4	0.25g
硫酸铵	$(NH_4)_2SO_4$	1.25g
碳酸氢钠	$NaHCO_3$	0.25g
氯化钙	$CaCl_2$	0.1g
硫酸镁	$MgSO_4$	0.5g
乳酸钠	$C_3H_5NaO_3$	10mL
维生素C	$C_6H_8O_6$	0.05g
L-半胱氨酸盐酸盐	H-Cys-OH·HCl	0.25g
酵母膏		0.75g
硫酸亚铁铵	$(NH_4)_2Fe(SO_4)_2$	0.25g
蒸馏水	H_2O	500mL

3.1.1.2 富集培养基配制

(1) 称量

取表3-1的药品加入500mL烧杯中，然后再加500mL的蒸馏水，调节pH值为7.2。

(2) 溶解及分装

将烧杯放在电子万用炉（单联）上加热直至药品溶解，冷却后将溶液分装在3个锥形瓶中，使每个锥形瓶中都装有150～200mL的培养基。

(3) 灭菌

使用脱脂棉封住瓶口，再用报纸包住并用皮筋固定；将锥形瓶有序地放在手提式压力蒸汽灭菌锅（型号YXQ SG41 280A）内的筛板上，在121kPa

下灭菌 20min。

（4）分装至试管

将移液枪、试管等仪器放入单人单面水平净化工作台（型号 SW-CJ-1G），并打开紫外灯照射灭菌，15min 后关闭紫外灯，打开照明和通风，放入灭菌后的培养基，用 5mL 移液枪分别调至 4mL、3mL 打入同一试管中，一共 15 管试管。

3.1.1.3　接种

从温度为 4℃的冰箱中取出硫酸盐还原菌菌种，使用 1mL 移液枪分别吸取 1mL 的 SRB 菌液到倒好培养基的试管中，5 个试管一组加入 SRB 菌液后迅速加入适量石蜡封口（以遮住液面为最适）。

3.1.1.4　培养

用橡皮筋将试管 5 个一组捆住，然后使用 Parafilm M 封口膜封口，最后将试管放入数显振荡培养箱（型号 HZQ-X100）中培养，将温度设定在 28～35℃之间，振荡速率设置为 150r/min，定期观察生长情况。

剩余培养基统一倒入几个大试管中并接种，然后与其他试管一同在数显振荡培养箱（型号 HZQ-X100）中培养。

3.1.2　实验方法

将土柱置于 30℃手套箱（Coy Laboratory）中厌氧处理 1 周，取土柱中心的土样置于无菌水中，采用稀释涂布法对菌株进行富集培养 1 周，然后采用富集培养基进一步驯化培养，每周更换新鲜培养液，连续培养 4 周即可获得实验用的菌株。

3.1.2.1　原料称量、溶解

根据培养基配方准确称取各种原料成分，在容器（常用铝锅或不锈钢）中加所需水量的 1/2，然后依次将各种原料加入水中，用玻璃棒搅拌使之溶解。待原料全部加入容器后，加热使其充分溶解，并补足所需的全部水分，即成液体培养基。

3.1.2.2　调节 pH 值

在培养基配好后，一般需要调节至所需的 pH 值。常用 2mol/L HCl 及

2mol/L NaOH 溶液进行调节。调节培养基酸碱度最简单的方法是用精密pH 试纸进行测定，即用玻璃棒蘸少许培养基点在试纸上进行比对。如果偏酸则加 NaOH 溶液，偏碱则加 HCl 溶液，经反复几次调节至所需 pH 值。此法简便快速，但毕竟较为粗放，不够精确。如要较为准确地调节培养基pH 值，则可用酸度计进行测定。

3.1.2.3 分装

培养基配好后，要根据不同的使用目的分装到各种不同的容器中。对于不同用途的培养基，其分装量应视具体情况而定，要做到适量、实用。分装量过多、过少或使用容器不当，都会影响后续工作。培养基是多种营养物质的混合液，大都具有黏性，在分装过程中应注意不使培养基沾污管口和瓶口，以免污染棉塞，造成杂菌生长。

分装培养基通常使用大漏斗（小容量分装）或医用灌肠用瓷缸（大容量分装）。两种分装装置的下口都连有一段橡皮软管，橡皮管下面再连一小段末端开口处略细的玻璃管。在橡皮管上装一个弹簧夹。分装时，将玻璃管插入试管内，不要触及管壁，松开弹簧夹，注入定量培养基，然后夹紧弹簧夹，止住液体，再抽出试管，仍不要触及管壁或管口。如果大量成批定量分装，可用定量注液器，即将培养基盛入 1000mL 或 500mL 定量注液器中，调好所需体积，然后通过抽提、压送，即可将定量培养基分装到试管中（注意加有琼脂的培养基不宜使用定量注液器分装）。培养基的分装量应依照使用目的及实验的具体情况决定。

3.1.2.4 塞棉塞和包扎

培养基分装到各种规格的容器（试管、锥形瓶、克氏瓶等）后，应按管口或瓶口的不同大小分别塞以大小适度、松紧适合的棉塞。棉塞的做法如图 3-1 所示。此外，还可使用市售的硅胶橡胶塞或聚丙烯塑料试管帽。棉塞的作用主要在于阻止外界微生物进入培养基内，防止由此而可能导致的污染；同时还可保证良好的通气性能，使微生物能不断地获得无菌空气。塞好棉塞后，管装培养基可若干支扎成一捆，或排放在铁丝筐内。由于棉塞外面容易附着灰尘及杂菌，且灭菌时容易凝结水汽，因此在灭菌前和存放过程中，应用牛皮纸或旧报纸将管口、瓶口或试管筐包起来。

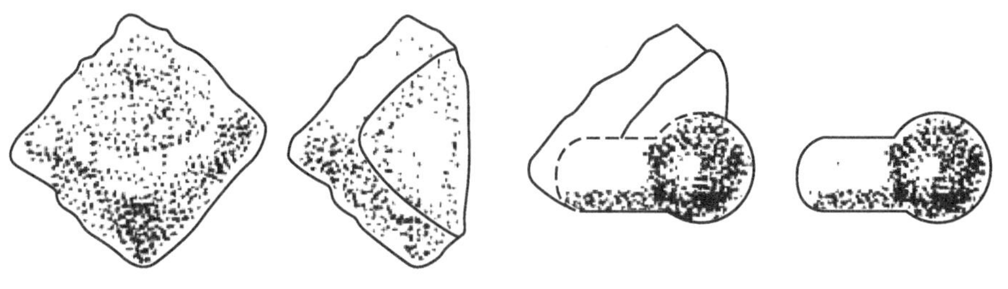

图 3-1　棉塞的做法

3.1.2.5　灭菌

培养基制备完毕后应立即进行灭菌（一般采用高压蒸汽灭菌）。如延误时间，会因杂菌繁殖生长导致培养基变质而不能使用。特别是在气温高的情况下，如不及时进行灭菌数小时内培养基就可能变质。若确实不能立即灭菌，可将培养基暂放于 4℃冰箱或冰柜中，但时间也不宜过久。

灭菌后，需做斜面的试管应趁热及时摆放斜面（图 3-2）。斜面的斜度要适当，使斜面的长度不超过试管长度的 1/2。摆放时注意不可使培养基沾污棉塞，冷凝过程中勿再移动试管，待斜面完全凝固后再进行收存。灭菌后的培养基最好置于 28℃条件下保温检查，如发现有杂菌生长应及时再次灭菌，以保证使用前的培养基处于绝对无菌状态。

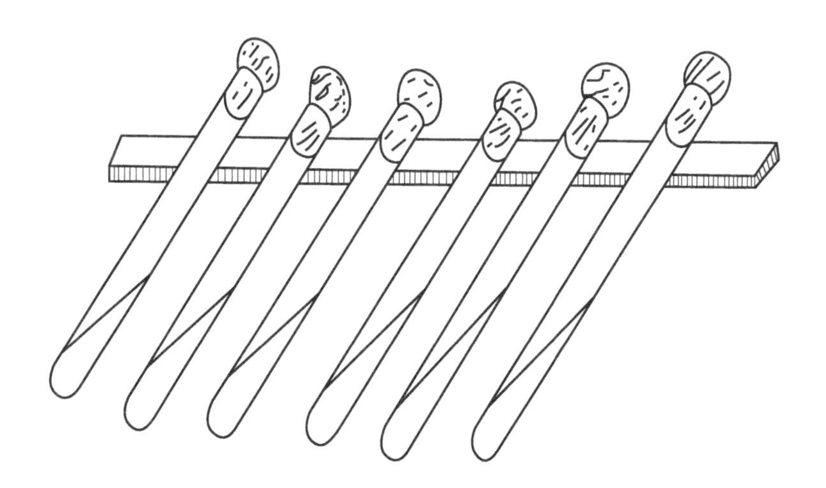

图 3-2　斜面摆放法

3.2 高压蒸汽灭菌

高压蒸汽灭菌是微生物学研究和教学中应用最广、效果最好的湿热灭菌方法。

3.2.1 高压蒸汽灭菌原理

高压蒸汽灭菌是在密闭的高压蒸汽灭菌器（锅）中进行的。其原理是：将待灭菌的物体放置在盛有适量水的高压蒸汽灭菌锅内，把锅内的水加热煮沸，并把其中原有的冷空气彻底驱尽后将锅密闭，再继续加热就会使锅内的蒸汽压逐渐上升，从而温度也随之上升到100℃以上。为达到良好的灭菌效果，一般要求温度应达到121℃（压力为0.1MPa），时间维持15～30min，也可采用在较低的温度（115.5℃，0.075MPa）下维持35min的方法。此法适合于一切微生物学实验室、医疗保健机构或发酵工厂中对培养基及多种器材、物品的灭菌。蒸汽压与温度的关系见表3-2。

表3-2　蒸汽压与温度的关系

蒸汽压(表压)		蒸汽温度	
kgf/cm^2	MPa	℃	℉
0.00	0.00	100	212
0.25	0.0245	107.0	225
0.50	0.0490	112.0	234
0.75	0.0735	115.5	240
1.00	0.0981	121.0	250
1.50	0.1470	128.0	262
2.00	0.1960	134.5	274

在使用高压蒸汽灭菌器进行灭菌时，蒸汽灭菌器内冷空气的排除是否完全极为重要，因为空气的膨胀压大于水蒸气的膨胀压，所以当水蒸气中含有空气时，压力表所表示的压力是水蒸气压力和部分空气压力的总和，不是水蒸气的实际压力，它所相当的温度与高压灭菌锅内的温度是不一致的。这是因为在同一压力下的实际温度，含空气的蒸汽低于饱和蒸汽，见表3-3。

表 3-3　空气排除程度与温度的关系

压力表读数/Pa	灭菌器内的温度/℃				
	未排除空气	排除 1/3 空气	排除 1/2 空气	排除 2/3 空气	完全排除空气
35	72	90	94	100	109
70	90	100	105	109	115
105	100	109	112	115	121
140	109	115	118	121	126
175	115	121	124	126	130
210	121	126	128	130	135

由表 3-3 可看出，如不将灭菌锅中的空气排除干净，即达不到灭菌所需的实际温度。因此，必须将灭菌器内的冷空气完全排除才能达到完全灭菌的目的。

在空气完全排除的情况下，一般培养基在 0.1MPa 下灭菌 30min 即可。但对某些物体较大或蒸汽不易穿透的灭菌物品，如固体曲料、土壤、草炭等，则应适当延长灭菌时间，可将蒸汽压升到 0.15MPa 保持 1～2h。

3.2.2　高压蒸汽灭菌设备

高压蒸汽灭菌的主要设备是高压蒸汽灭菌锅，有立式、卧式及手提式等不同类型。实验室中以手提式最为常用。卧式灭菌锅常用于大批量物品的灭菌。不同类型的灭菌锅，虽大小外形各异，但其主要结构基本相同。

高压蒸汽灭菌锅的基本构造如下所述。

（1）外锅

或称“套层”，供装蒸汽用，与之连通的有水位玻璃管以标示盛水量。外锅的外侧一般包有石棉或玻璃棉绝缘层以防止散热。如直接使用硬汽，即由锅炉发生的高压蒸汽，则外锅内充满蒸汽，作为内锅保温之用。

（2）内锅

内锅是放置灭菌物品的空间，或称灭菌室，可配置铁箅架以分放灭菌物品。

（3）压力表

内外锅各装一只，便于灭菌时参照。压力单位为 MPa。

（4）温度计

可分为两种：一种是直接插入式的水银温度计，装在密闭的铜管内，焊插在内锅中；另一种是感应式仪表温度计，其感应部分安装在内锅的排气管内，仪表安装于锅外顶部，便于观察。

（5）排气阀

一般外锅、内锅各一个，用于排除空气。新型的灭菌器多在排气阀外装有汽水分离器（或称疏水管），内有由膨胀盒控制的活塞，利用空气、冷凝水与蒸汽之间的温差控制开关，在灭菌过程中可不断地自动排出空气和冷凝水。

（6）安全阀

或称保险阀，利用可调弹簧控制活塞，超过额定压力即自动放气减压。通常可调在额定压力之下，略高于使用压力。安全阀只供超压时安全报警之用，不可在保温时用作自动减压装置。

（7）热源

除直接引入锅炉蒸汽灭菌外，都具有加热装置，近年来的产品以电热为主，即底部装有可调控电热管，使用比较方便。有些产品无电热装置，则附有打气煤油炉等。手提式灭菌器也可用煤炭炉作为热源。

几种不同形式的高压蒸汽灭菌锅的使用要点如下所述。

3.2.2.1 立式灭菌锅

（1）加水

由漏斗处加水，加水量应在标定水位线以上，可在水位玻管刻度处观察。

（2）装锅

将待灭菌物品装入锅内时，不要太紧太满，应留有间隙，以利于蒸汽流通。盖好锅盖后，即可将螺旋柄旋紧。

（3）加热和排冷空气

如果是电热高压蒸汽灭菌锅，则合上电闸通电加热。如属非电热装置，可点燃煤气炉或煤油喷灯加温。同时打开排气活塞及下部排冷气余水活塞，继续加热直到锅中水沸腾，待盖顶活塞冒出大量蒸汽后，关闭盖顶排气活塞，使冷空气由下部活塞排出。此时如有少量冷凝水排出是正常现象。待下部活塞有大量蒸汽冒出时，证明锅中已充满蒸汽，应继续排气，使锅中及灭菌容器中的冷空气完全排除干净，一般不应少于 5min。

(4) 升压保压

排气完毕后，关闭下部活塞，锅内压力即逐渐升高，注意升压不要过猛。当压力升高到 0.1MPa 时，调节火力，使压力保持稳定。压力选择应视具体灭菌物品而定，如草炭、土壤等则可在压力升至 0.14～0.15MPa 后定时保压。

(5) 降压与排气

保压时间（一般为 30min）结束后即应停止加热，使其自然冷却。此时切勿急于打开排气塞，因为压力骤然降低将导致培养基剧烈沸腾而冲掉或污染棉塞。待压力降至接近零时再打开排气活塞使余气排出，同时打开下部活塞，排出锅内冷凝水。

(6) 出锅

排气完毕后，即可扭松螺旋柄使锅盖松动。先将锅盖打开 5～10cm，不必完全推开锅盖，目的是借锅中余热将棉塞及包装纸烘干。烘烤 30min 后即可推开锅盖，取出已灭菌的物品。

3.2.2.2 卧式灭菌锅

卧式灭菌锅如图 3-3 所示，主要操作步骤如下所述。

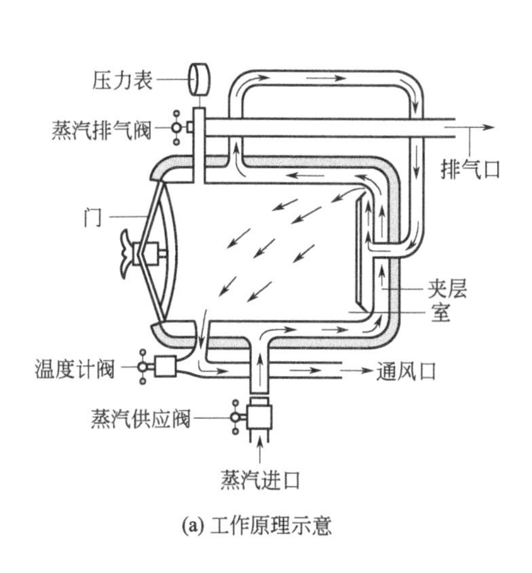

(a) 工作原理示意

(b) 灭菌锅外形

图 3-3　卧式灭菌锅

（1）加水

先将排水阀关闭，调整总阀至“全排”。然后，开启进水阀，放水至蒸汽发生器内，将水进至距水表顶端1～2cm处止水。关闭进水阀，并将总阀调至“关闭”。

（2）装锅

将待灭菌物品装入锅内，注意不要塞得过紧过满，盛有培养基的锥形瓶和试管应立放或适度倾斜，以免灭菌过程中培养基污染棉塞。

（3）关门

按顺时针方向转动紧锁手柄至红箭头处，使撑挡进入门圈内，然后旋动八角转盘，使门和垫圈密合，以灭菌时不漏气为度；不宜太紧，以免损坏垫圈。

（4）通电加温

将电源控制开关的旋钮旋至“开”处，电源指示灯亮，表示已通电，然后再按灭菌物品所需蒸汽压将旋钮旋至0.07MPa、0.1MPa或0.14MPa处。此时电热指示灯亮，表示已通电加热。

（5）保温保压

当蒸汽套层内的蒸汽随加热达到自动控制压力时，电热指示灯会自动熄灭，表示停止加热。随着热力散发压力降低，电热指示灯再亮，表示继续加热，这表明压力控制器工作正常。当套层内的蒸汽加热到所选择的控制压力时，即可将套层内的蒸汽导入消毒室进行灭菌。此时应先将冷凝水泄出器前的冷凝阀开放少许，然后将总阀调至“消毒”，套层内的蒸汽即通过总阀进入消毒室，放出热量进行消毒，冷凝水则通过冷凝水泄出器自动排出。这时蒸汽套层内蒸气压迅速下降，而消毒室内的蒸气压逐渐上升，消毒室内的温度表也随着物品被蒸汽加热而上升。当表上温度升到所需消毒温度（一般为121℃）时开始计算灭菌时间，维持温度至灭菌完毕。

（6）出锅

灭菌完毕后立即切断电源，按灭菌物品性质和要求，决定消毒室内的蒸汽是自然冷却还是采取“慢排”或“快排”。例如，器械、器皿、固体曲料、土壤、草炭等不致因压力骤然下降而受影响的物品，可直接将总阀调至“慢排”或“快排”，使消毒室内蒸汽迅速排出。当消毒室内压力下降至“0”

时，方可缓慢转动锅门转盘并拨动紧锁手柄将门开启 5～10cm。20～30min 后将灭菌物品取出，此时灭菌物品即较干燥。溶液及培养基等物品灭菌完毕时，只能将总阀调至“慢排”，使消毒室内蒸汽慢慢排出，以免压力突然降低导致培养基剧烈沸腾。也可在灭菌完毕后，关闭总阀，让灭菌物品自然冷却。消毒室压力表降至“0”时，再将总阀调至“慢排”，数分钟后取出灭菌物品。

（7）连续操作

如果灭菌物品较多，需要连续操作时，应该先检查水位，有足够水量时可以连续使用。如需加水，应把总阀调至“全排”，打开进水阀加水后继续操作。

（8）保养

每次灭菌完毕后，关闭电源，停止加热，随后将总阀调至“全排”，排出套层内的蒸汽。开启锅门少许，散发剩余蒸汽，使消毒室内壁经常保持干燥，同时排出蒸汽发生器内的余水。

3.2.2.3　手提式灭菌锅

手提式灭菌锅如图 3-4 所示，主要操作步骤如下所述。

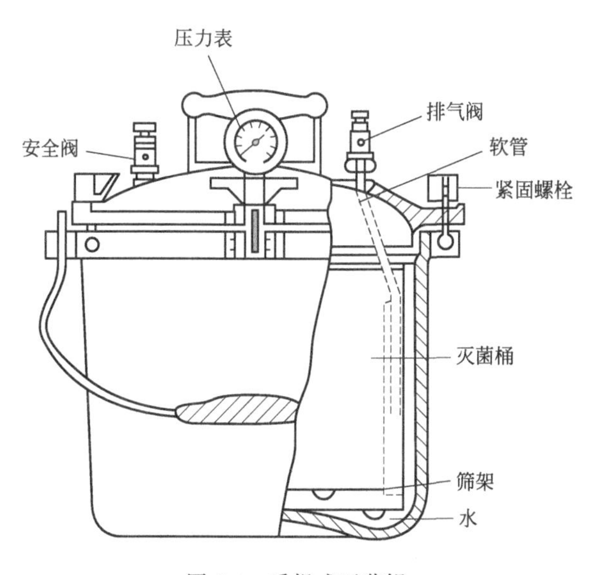

图 3-4　手提式灭菌锅

（1）加水

使用前在锅内加入适量的水，加水不可过少，以防将灭菌锅烧干引起炸裂事故；而加水过多有可能引起灭菌物品积水。

（2）装锅

将灭菌物品放在内胆中，不要装得过满。盖好锅盖，旋紧四周紧固螺栓，打开排气阀。

（3）加热排气

加热后待锅内沸腾并有大量蒸汽自排气阀冒出时，维持 2～3min 以排除冷空气。如灭菌物品较大或不易透气，应适当延长排气时间，务必使空气充分排除，然后将排气阀关闭。

（4）保温保压

当压力升至 0.1MPa 时，温度达 121℃，此时应控制热源。保持压力，维持 30min 后，切断热源。

（5）出锅

当压力表降至“0”处，稍停，使温度继续降至 100℃以下后，打开排气阀，旋开紧固螺栓，开盖，取出灭菌物品。注意：切勿在锅内压力尚在“0”点以上，温度也在 100℃以上时开启排气阀，否则会因压力骤然降低而造成培养基剧烈沸腾冲出管口或瓶口，污染棉塞，以后培养时引起杂菌污染。

灭菌完毕后，取出物品，将锅内余水倒出，以保持内壁及内胆干燥，最后盖好锅盖。

3.3 厌氧细菌的分离培养

3.3.1 实验目的

掌握碱性焦性没食子酸法的原理并学习几种厌氧微生物的培养方法。

3.3.2 实验原理

厌氧微生物在自然界分布广泛，种类繁多，作用也日益引起人们重视。培养厌氧微生物的技术关键是要使该类微生物处于去除了氧或氧化还原势低的环境中。一般厌氧菌的培养方法有碱性焦性没食子酸法、厌氧罐培养法、疱肉培养基法。本实验主要介绍碱性焦性没食子酸法。

碱性焦性没食子酸法是在密闭的容器中，利用焦性没食子酸与碱溶液（NaOH、Na_2CO_3 和 $NaHCO_3$）作用后形成易被氧化的碱性没食子酸盐，再与容器中的氧结合，生成焦性没食子，从而除掉密封容器中的氧。

这种方法的优点是无需特殊及昂贵的设备，操作简单，适于任何可密封的容器，可迅速建立厌氧环境。而其缺点是在氧化过程中会产生少量的 CO_2，对某些厌氧菌的生长有抑制作用。同时，NaOH 的存在会吸收掉密封容器中的 CO_2，对某些厌氧菌的生长不利。用 Na_2CO_3 和 $NaHCO_3$ 代替 NaOH，可部分克服 CO_2 被吸收问题，但却又会导致吸氧速率的减缓。

3.3.3　实验材料

（1）材料

硫酸盐还原菌、巴氏梭菌、荧光假单胞菌、菜园土。

（2）培养基

牛肉膏蛋白胨琼脂培养基。

（3）试剂

焦性没食子酸、10%NaOH、灭菌的石蜡凡士林（1∶1）。

（4）器材

棉花、小试管、带橡皮塞或螺旋帽的大试管、灭菌的玻璃板（直径比培养皿大 3～4cm）、灭菌的滴管、烧瓶、刀等。

3.3.4　实验方法

3.3.4.1　培养皿法分离厌氧微生物

① 土壤稀释液的制备：按稀释平板测数法进行，以无菌操作将土壤稀释至 10^{-5} 即可。

② 按“稀释平板测数法”中的“混合平板培养法”进行，使用的稀释度为 10^{-3}、10^{-4}、10^{-5} 三个，各做 3 个重复。

③ 取已灭菌的培养皿盖铺上一薄层灭菌脱脂棉，将 1g 焦性没食子酸放于其上。

④ 将已加入菌液的牛肉膏蛋白胨琼脂培养基倒平板，待其凝固干燥。

⑤ 滴加 10% NaOH 溶液约 2mL 于焦性没食子酸上，切勿使溶液溢出棉花，立即将已接种的平板覆盖于培养皿盖上，必须将脱脂棉全部罩住，焦性没食子酸反应物切勿与培养基表面接触。

⑥ 以熔化的石蜡凡士林液密封皿底与皿盖的接触处。

⑦ 置于 30℃温箱培养。

⑧ 观察培养结果，统计培养出的厌氧细菌的数量。

3.3.4.2 大管套小管法培养厌氧细菌

① 在已灭菌的大试管中放入少许无菌棉花和焦性没食子酸，焦性没食子酸的用量按它在过量碱液中每克能吸收 100mL 空气中的氧来估计，本实验用量约 0.5g。

② 按无菌操作方法将已分离到的厌氧细菌接种在小试管内的牛肉膏蛋白胨琼脂斜面上。

③ 按无菌操作方法，分别将巴氏梭菌和荧光假单胞菌接种在两支小试管的牛肉膏蛋白胨琼脂斜面上，作为对照。

④ 迅速滴入 10%的 NaOH 于大试管中，使焦性没食子酸润湿，并立即放入除掉棉塞并已接菌的小试管斜面（小试管口朝上），塞上橡皮塞或拧上螺旋帽。

⑤ 置于 30℃温箱培养。

⑥ 观察培养结果。

3.3.5 实验作业

记录各厌氧培养法的实验结果，并结合实验对照进行分析说明。

3.4 菌种的保藏

为了保持微生物菌种原有的各种优良特征及活力，使其存活，不丢失，不污染，不发生变异，需根据微生物自身的生物学特点，人为创造条件使微生物处于低温、干燥、缺氧的环境中，以使微生物的生长受到抑制，新陈代谢作用限制在最低范围内，生命活动基本处于休眠状态，从而达到保藏的目的。

微生物菌种保藏技术很多，但原理基本一致，即挑选优良纯种，最好是它们的休眠体，采用低温、干燥、缺氧、缺乏营养、添加保护剂或酸度中和剂等方法，使微生物生长在代谢不活泼、生长受抑制的环境中。具体常用的方法有斜面传代保藏、穿刺法保藏、沙土保藏、冷冻干燥保藏、超低温或在液氮中冷冻保藏等。

3.4.1 微生物培养保存方法

为了生产或科研上利用菌种的方便，以随时观察或更换菌种，有时只需将微生物做暂时的或简便的保藏。

3.4.1.1 斜面传代法

斜面传代法可用于任何一种微生物。

① 将需要保藏的菌种接种于该微生物最适宜的新鲜斜面培养基上，在合适的温度下培养，以得到健壮的菌体。

② 将长好的斜面取出，换上无菌的橡皮塞塞紧，于4℃冰箱中保存。

③ 每隔一定时间将斜面重新移植培养（如放线菌于4～6℃保存，每3个月移接一次；酵母菌于4～6℃保存，每4～6个月移接一次；霉菌于4～6℃保存，每6个月移接一次），塞上橡皮塞于4℃保存。

此法为实验室和工厂菌种室常用的保藏法，优点是操作简单，使用方便，不需特殊设备，能随时检查所保藏的菌株是否死亡、变异与污染杂菌等；缺点是容易变异，因为培养基的物理化学特性不是严格恒定的，屡次传代会使微生物的代谢改变，从而影响微生物的性状，污染杂菌的机会也较多。

3.4.1.2 穿刺法

① 将半固体培养基注入一小试管（如0.8cm×10cm）中，使培养基距离试管口2～3cm。

② 用接种针挑取菌体，在半固体培养基顶部的中央直线穿刺到半固体培养基约1/3深处，于37℃培养24h。

③ 将培养好的试管取出，熔封或是塞上橡皮塞于4℃冰箱保存。此法可保藏半年到一年以上。

3.4.1.3 寄主保藏法

用于目前尚不能在人工培养基上生长的微生物，如病毒、立克次氏体、螺旋体等，它们必须在生活的动物、昆虫、鸡胚内感染并传代，此法相当于一般微生物的传代培养保藏法。病毒等微生物也可用其他方法（如液氮保藏法与冷冻干燥保藏法）进行保藏。

3.4.2 微生物菌种的休眠保存法

3.4.2.1 液体石蜡法

本方法的原理是在长好菌的斜面上覆盖灭菌的液体石蜡，使菌体与空气隔绝，从而使菌体处于生长和代谢停止状态，同时石蜡油还可防止水分蒸发，可在低温下达到较长期保藏菌种的目的。保藏温度要求在－4～4℃。

① 将液体石蜡分装于锥形瓶内，塞上棉塞，并用牛皮纸包扎，103kPa、121℃灭菌 30min，然后放在 40℃温箱中使水汽蒸发掉，备用。

② 采用与斜面保藏法和穿刺法相同的方法获得健壮的培养物。

③ 将灭菌液体石蜡注入每一斜面（或穿刺试管）中，使液面高出斜面顶部 1cm 左右。使用的液体石蜡要求不含毒物，一般化学纯即可。

④ 将注入石蜡的培养物置于试管架上，以直立状态放在 4℃保存。

此法实用且效果好。霉菌、放线菌、芽孢细菌可保藏 2 年以上不死，酵母菌可保藏 1～2 年，一般无芽孢细菌也可保藏 1 年左右，甚至用一般方法很难保藏的脑膜炎球菌在 37℃温箱内也可保藏 3 个月之久。此法的优点是操作简单，不需特殊设备，且不需经常移种。缺点是保存时必须直立放置，所占位置较大，同时也不便携带。从液体石蜡下面取培养物移种后，接种环在火焰上烧灼时，培养物容易与残留的液体石蜡一起飞溅，应特别注意。以液体石蜡作为保藏方法时，应对需保藏的菌株预先进行试验，因为某些菌株如酵母、霉菌、细菌等能利用石蜡为碳源，还有些菌株对液体石蜡保藏敏感，所以这些菌株都不能用液体石蜡保藏。为了预防不测，一般保藏菌株每 2～3 年应做一次存活试验。

3.4.2.2 甘油管法

本方法也是利用微生物在甘油中生长和代谢受到抑制的原理达到保藏目的的。该法适用于一般细菌的保存，同时也适用于链球菌、弧菌、真菌等需特殊方法保存的菌种，适用范围广，操作简便，效果好，无变异现象发生。甘油-生理盐水保存液保存菌种优于甘油原液，其原因可能是加入生理盐水适当降低了甘油的高渗作用，从而更好地保护了待保存的菌株。

① 首先将甘油配成80%浓度。

② 将80%甘油按1mL/瓶的量分装到甘油瓶（3mL规格）中，于121℃灭菌。

③ 将要保藏的菌种培养成新鲜的斜面（也可用液体培养基振荡培养成菌悬液）。

④ 在培养好的斜面中注入少许（2～3mL）无菌水，刮下斜面振荡，使细胞充分分散成均匀的悬浮液，并且细胞浓度为10^8～10^{10}个/mL。

⑤ 将菌悬液吸取1mL置于上述装好甘油的无菌甘油瓶中，充分混匀后，使甘油终浓度为40%，然后置－20℃保存（液体培养的菌液到对数期直接吸取1mL置于甘油瓶中）。

3.4.2.3 沙土管保藏法

① 取河沙若干，用24目筛过筛，用10%的盐酸浸泡24h，然后倒去盐酸，用水泡洗数次到中性为止，然后去水，将河沙烘干。

② 取菜园（果园）土壤，风干、粉碎、过筛（24目筛）。

③ 把烘干的沙和土按一定的比例（如3∶2）混合后分装入小指形管中，装入量约高1cm，塞好棉塞，121℃灭菌1h。然后烘干。也可170℃、2h干热灭菌。

④ 将保藏的菌种接种入新鲜斜面，在适宜的温度下获得健壮的培养物。

⑤ 在斜面培养物中注入3～4mL水，用接种环刮下菌苔，振荡均匀后，吸0.2mL左右的菌液于沙土管中，再用接种针将沙土和菌液搅拌均匀。若是产孢子的微生物也可以直接用接种针将孢子拌入沙土中。

⑥ 混合后的沙土管放于真空泵中抽干以除去沙土管中的水分。

⑦ 抽干后的沙土管放干燥器中保存，干燥器下面应盛有硅胶、石灰或五氧化二磷等物，隔一段时间应更换一次，以保持干燥。

此法多用于能产生孢子的微生物（如霉菌、放线菌），因此在抗生素工业生产中应用最广，效果也好，可保存2年左右，但应用于营养细胞效果不佳。

3.4.2.4 冷冻保藏法

冷冻保藏是指将菌种置于－20℃以下的温度中保藏，冷冻保藏为微生物菌种保藏非常有效的方法，通过冷冻可使微生物代谢活动停止。一般而言，冷冻温度越低，效果越好。为了保藏的结果更加令人满意，通常在培养物中加入一定的冷冻保护剂；同时还要认真掌握好冷冻速度和解冻速度。冷冻保藏的缺点是培养物运输较困难。

(1) 普通冷冻保藏技术（－20℃）

① 将菌种接种在小的试管或培养瓶斜面上，在适宜生长条件下培养。

② 待生长适度后，将试管口或瓶口用橡胶塞严格封好，于冰箱的冷藏室中储藏，或于温度范围在－20～－5℃的普通冰箱中保存

③ 也可将液体培养物或从琼脂斜面培养物收获的细胞分别接种到试管或指形管内，严格密封后，同上置于冰箱中保存。

用此方法可以维持若干微生物的活力1～2年。应注意的是经过一次解冻的菌株培养物不宜再用来保藏。这一方法虽简便易行，但不适宜多数微生物的长期保藏。

(2) 超低温冷冻保藏技术

要求长期保藏的微生物菌种一般都应在－60℃以下的超低温冷藏柜中进行保藏。本方法适合于中、长期菌种保藏，保藏时间一般为2～4年。

① 将甘油及蒸馏水以1∶4的比例混合，配制成100mL或少于100mL的甘油溶液，于灭菌锅中以120℃灭菌20min备用。

② 用经火焰灭菌的接种环取斜面菌种在平皿上划线分离单菌落。

③ 平皿倒置于30℃或37℃恒温培养箱培养24～48h。

④ 挑取一个单菌落，接种于一个装有50mL培养基的锥形瓶中，于30℃或37℃振荡培养10～15h，至菌密度（OD_{600}）为1.0～1.5Abs。

⑤ 按30%甘油∶种子液为1∶1（体积比）的量加入无菌甘油，混合后分装至事先灭菌的菌种保存管（1～2mL/管），于－70℃或液氮中保存。

⑥ 重新活化。自冷冻库中取出菌种贮存瓶，置于室温环境使其解冻，或是以37℃水浴迅速解冻，解冻完成后立即取出瓶子，以70%乙醇擦拭消毒，再以无菌操作方式打开瓶盖，取出菌液接种至新鲜的培养液中重新活化。

(3) 液氮超低温保存法

本方法是近年推广使用的一种菌种保存法。大多数微生物如病毒，各种细菌、放线菌、支原体、立克次氏体，各种丝状菌、酵母菌、藻类和原虫，特别是一些无法用冻干法保存的微生物，都可用此法长期保存。工业微生物高产菌种也逐步采用此法保存。液氮保存的原理是微生物在－130℃以下温度时，新陈代谢作用停止，化学反应也消失，而液氮温度可达－196℃，在

这种情况下微生物可以长期保存。

具体操作步骤如下所述。

① 准备安瓿管。用于液氮保藏的安瓿管要求能耐受温度突然变化而不致破裂，因此需要采用由硼硅酸盐玻璃制造的安瓿管，安瓿管的大小通常为75mm×10mm。

② 加保护剂与灭菌。保存细菌、酵母菌或霉菌孢子等容易分散的细胞时，则将空安瓿管塞上棉塞，103kPa、121.3℃灭菌 15min；若作保存霉菌菌丝体用则需在安瓿管内预先加入保护剂（如 10%的甘油蒸馏水溶液或10%的二甲亚砜蒸馏水溶液），加入量以能浸没以后加入的菌落圆块为限，而后再于 103kPa、121.3℃灭菌 15min。

③ 菌种准备。在最适培养基斜面上培养得到健壮菌种，制成悬浮液，如为不产孢子的真菌，则采用斜面或液体振荡培养，制成菌丝片段。将菌悬液分装至灭菌安瓿管中，每管 0.2～0.5mL，然后用火焰将安瓿管熔封。

④ 冻结。将熔封后的安瓿管置入慢速冻结器内，慢速冻结器以每分钟下降 1℃的速度冷冻，当安瓿管温度下降至－35℃时，即可把安瓿管移入液氮内长期保藏。若细胞急剧冷冻，则在细胞内会形成冰的结晶，因而降低存活率。

⑤ 菌种的复苏培养。直至全部融化，当融化后即开启安瓿管并移至培养基内培养。操作时应特别注意安全，防止爆炸或冻伤，不宜戴线手套操作，要戴皮手套操作。

液氮保存菌种需要有保护物质，可以用 10%的甘油，使用方便、效果好，但有些菌对甘油敏感，效果不佳，则可选用其他保护剂，常用的有5%～10%（体积分数）的二甲亚砜、20%的二甲亚砜加 1%的蛋白胨，糖类也可作为一种保护剂，但浓度应适当加以控制。

3.4.2.5　滤纸保藏法

① 将滤纸剪成 0.5cm×1.2cm 的小条，装入 0.6cm×8cm 的安瓿管中，每管 1～2 张，塞以棉塞（103kPa、121.3℃灭菌 30min）。

② 将需要保存的菌种在适宜的斜面培养基上培养，使充分生长。

③ 取灭菌脱脂牛乳 1～2mL 滴加在灭菌培养皿或试管内，取数环菌苔在牛乳内混匀，制成浓菌悬液。

④ 用灭菌镊子自安瓿管取滤纸条浸入菌悬液内，使其吸饱，再放回至安瓿管中，塞上棉塞。

⑤ 将安瓿管放入内有五氧化二磷作吸水剂的干燥器中，用真空泵抽气至干。

⑥ 将棉花塞入管内，用火焰熔封，保存于低温下。

⑦ 需要使用菌种，复活培养时，可将安瓿管口在火焰上烧热，滴一滴冷水在烧热的部位使玻璃破裂，再用镊子敲掉口端的玻璃，待安瓿管开启后，取出滤纸，放入液体培养基内，置温箱中培养。

细菌、酵母菌、丝状真菌均可用此法保藏，前两者可保藏 2 年左右，有些丝状真菌甚至可保藏 14～17 年之久。此法较液氮超低温法、冷冻干燥法简便，不需要特殊设备。

3.4.2.6 冷冻干燥保藏法

冷冻干燥法是在低温下快速将细胞冻起来，然后在真空情况下抽干，使微生物的生长和一切酶的作用暂时停止。为防止因深冻和水分不断升华对细胞的损害，采用保护剂来制备细胞悬液。保护性溶质通过氢和离子键对水和细胞所产生的亲和力来稳定细胞成分及构型。

(1) 操作步骤

① 选择规格约 0.8cm×10cm 大小的中性玻璃安瓿管保藏菌种，选得的安瓿管先用 2%盐酸浸泡 8～10h，再经自来水冲洗多次，蒸馏水洗 2～3 次，置烘箱烘干。

② 将印有菌号、制作日期的标签放入烘干的安瓿管中（字面应面向管壁），塞好棉塞于 121℃灭菌 30min。

③ 将欲冻干保藏的菌种进行斜面培养，以得到良好的斜面培养物。

④ 将新鲜牛奶经过反复脱脂后装入锥形瓶中灭菌。

⑤ 用无菌吸管吸取 2～3mL 灭菌的牛奶于长好的斜面中，刮下细胞或孢子，轻轻搅动，使细胞均匀地悬浮在牛奶中。

⑥ 用无菌的毛细管将制备的菌悬液滴入安瓿管中，每管 0.2mL 左右（4～5 滴）。

⑦ 把安瓿管置冷冻干燥机中，先在－40～－25℃的低温下预冻，若保藏的量大（如 500 支安瓿管）预冻需 1h 以上，若少量几支安瓿管则预冻几分钟即可。

⑧ 预冻后将安瓿管进行真空干燥。在开动真空泵抽真空时真空度在 15min 内应达到 65Pa，一般抽到真空度 26Pa，保持压力即可，当真空度达到 26Pa 时，也可以适当提高温度以加速水分的升华。一般保藏少量样品以

3～4h抽干就可以；而要冻干大量样品如500～600支安瓿管，则需8～10h甚至过夜。

⑨ 经过真空干燥的样品可测定其残留水分，一般残留水分在1%～3%范围内即可进行密封，高于3%则需继续进行真空干燥，有时也可以凭经验直接观察样品的干湿程度。

⑩ 干燥后将安瓿管的棉花向下推移，然后在棉塞的下方用火焰烧熔拉成细颈，再将安瓿管安装在抽真空的歧管上，继续抽干几分钟后用火焰从细颈处烧熔、封闭。

⑪ 安瓿管密封后用高频电火花检查安瓿管的真空情况，如管内发出灰蓝色光，说明保持着真空，合格者可放室温保存，最好是放在4℃冰箱中保存。

⑫ 冻干管的启用。当需用冻干菌种时，取出安瓿管用乙醇进行表面消毒，用小砂轮在无菌条件下打开，或将安瓿管顶部在酒精灯火焰上灼烧，再迅速滴上冷的无菌水使管破裂，然后用镊子等轻轻敲碎管口，加入0.3～0.5mL液体培养基溶解冻干菌块成为悬液，用无菌滴管或接种环移至斜面或液体培养基进行培养。

(2) 影响因素

在菌种保存中，以下因素会影响菌种的存活率和保存时间。

1) 菌种的质量

保藏的菌种应在营养丰富的最适条件下培养，使之进入稳定期，稍老一些的菌体对环境抵抗力强。另外，作为冷冻干燥的菌悬液细胞浓度要高。不同的菌种对冷冻干燥的耐受程度不同，如果保存的菌液细胞浓度不高，就会给以后传种造成困难，保存期也会受到影响。

2) 保护剂

不同种类的保护剂对不同微生物的作用是不同的，如个别菌种在脱脂乳作保护剂的情况下死亡率高达99.99%，而采用葡聚糖等混合保护剂时死亡率大大降低。一般情况下，那些容易保存的菌种对保护剂的要求不是很严格，而不易保存的菌种对保护剂的要求却很苛刻。因此，选择好的保护剂是冷冻干燥保存菌种的关键因素。

3) 干燥速度

实验表明，慢速干燥的比快速干燥的存活率高，如青霉菌6h干燥存活率为67.3%，而3h为59%。

4) 空气的影响

冷冻干燥后空气对细菌细胞影响较大，可导致细胞损伤进而死亡，故在冻干后应立即在真空下熔封，这样才有利于长期保存。

5）温度的影响

在干燥和真空状况下温度的影响远没有上述几项因素重要，因此可以在室温下保存，但许多微生物在4℃保存的存活率要比在室温下高1倍。

6）含水量的影响

水分含量过高对菌存活不利，完全脱水也不利于保存，一般把干燥后的细胞含水量控制在3％以下（1％～3％）。

7）复苏培养

打开安瓿管后加入无菌水使冻干菌融化，融化速度慢比快速融化的成活率要高。

菌种是否适宜于冻干保存，需经过实验来证明，一般是保存1个月后进行复苏培养，如果菌的成活率高于10％，即认为可用冻干保存法保存，以后6个月、2年、5年、10年再进行存活情况检查，以确定保存期的上限。

冻干保藏的效果因微生物种类而异，一般是细菌＞放线菌＞真菌＞藻类，而菌丝体不宜用此法保存。

第4章

硫酸盐还原菌的生理鉴定

4.1 唯一碳源实验

4.1.1 实验原理

自然界含碳化合物种类繁多，硫酸盐还原菌能否利用某些含碳化合物作为唯一碳源可作为分类鉴定的特征。在基础培养基中只添加一种有机碳源，接种后观察细菌能否生长，就可以判断该细菌能否以此碳源为唯一碳源进行生长。

4.1.2 实验材料

(1) 活材料

硫酸盐还原菌。

(2) 基础培养基

配方如表 4-1 所列。

表 4-1 基础培养基配方

原料	用量	原料	用量
$(NH_4)_2SO_4$	2.0g	$MgSO_4 \cdot 7H_2O$	0.2g
$NaH_2PO_4 \cdot H_2O$	0.5g	$CaCl \cdot 2H_2O$	0.1g
K_2HPO_4	0.5g	蒸馏水	1000mL

(3) 待测底物

待测底物包括糖类、醇类、脂肪酸类、双羧酸类、有机酸类和氨基酸类等。一般底物要求过滤除菌，糖类及醇类浓度为 0.5%～1%，其他浓度为 0.1%～0.2%。

4.1.3 实验内容

(1) 菌悬液的制备

为了使接种量均一，可将硫酸盐还原菌先制成菌悬液，方法是取少量菌苔放入无菌水中，充分混匀即可。

(2) 接种

以菌悬液接种，接种量 0.2mL，连续移种三代。

(3) 培养

提供合适硫酸盐还原菌的培养条件，细菌一般培养 48h，培养后观察是否生长，生长者为阳性。

4.1.4　数据处理

记录硫酸盐还原菌在不同碳源上的生长情况。

4.2　葡萄糖氧化发酵实验

4.2.1　实验原理

细菌对葡萄糖的分解分为氧化型和发酵型。氧化型细菌在有氧条件下才能分解葡萄糖，无氧条件下不能分解葡萄糖；发酵型细菌在有氧无氧条件下均可分解葡萄糖。不分解葡萄糖的细菌称为产碱型。根据糖管的色泽变化可鉴别细菌。

4.2.2　实验材料

(1) 休和利夫森二氏培养基

配方如表 4-2 所列。

表 4-2　休和利夫森二氏培养基配方

原料	用量	原料	用量
蛋白胨	2g	NaCl	5g
K_2HPO_4	0.2g	葡萄糖	10.0g
琼脂	6.0g	溴百里酚蓝	1%水溶液 3mL
蒸馏水	1000mL		

注：1. 溴百里酚蓝先用少量 95%乙醇溶解后，再加水配成 1%的水溶液。
2. pH 值为 7.0～7.2，分装试管，培养基高度约 4.5cm，115℃蒸汽灭菌 20min。

(2) 博德和霍尔二氏培养基

配方如表 4-3 所列。

表 4-3　博德和霍尔二氏培养基配方

原料	用量	原料	用量
$NH_4H_2PO_4$	0.5g	琼脂	6.0g
K_2HPO_4	0.5g	溴百里酚蓝	1%水溶液 3mL
酵母膏	0.5g	蒸馏水	1000mL

注：pH 值为 7.0～7.2，分装试管，培养基高度约 4.5cm，115℃蒸汽灭菌 20min。

4.2.3　实验内容

以 18～24h 幼龄菌种作种子，穿刺接种，每株 4 支。其中 2 支用灭菌的凡士林石蜡油（熔化的 2/3 凡士林中加入 1/3 液体石蜡，高压灭菌）封盖，厚 0.5～1cm，以隔绝空气，为闭管。另 2 支不封油为开管，同时还要有不接种的闭管和开管做对照。适温培养 1d、2d、3d、7d、14d 观察结果。

4.2.4　实验结果

只有开管产酸变黄者为氧化型，开管和闭管均产酸变黄者为发酵型。

本实验可同时观察硫酸盐还原菌的运动性，观察运动性时琼脂软硬必须合适，所用的琼脂（海燕牌琼脂条）浓度以 0.5%～0.6%为宜，其他牌号的琼脂则须经实验决定使用浓度。琼脂的浓度以放倒试管不流动，轻轻敲打则琼脂柱破碎为宜。

如培养基配制好后在温度较低的地方存放，在使用前应在沸水中熔化，并用冷水速凝后立即使用。否则溶于培养基中的空气会干扰观察发酵产酸的结果。

4.3　甲基红实验

4.3.1　实验原理

某些细菌在糖代谢过程中，培养基中的糖先分解为丙酮酸，丙酮酸再分解为甲酸、乙酸等。有机酸的产生可由加入甲基红指示剂的变色反应进行检测。甲基红变色范围为 pH4.2（红）～6.3（黄）。细菌分解葡萄糖产酸，将培养液由原来的桔黄色变为红色，此为 MR（甲基红）正反应。

4.3.2 实验材料

(1) 活材料

硫酸盐还原菌。

(2) 培养基

蛋白胨 5g，葡萄糖 5g，K_2HPO_4（或 NaCl）5g，水 1000mL，pH 值为 7.0～7.2。

(3) 试剂

甲基红指示剂。

(4) 器材

平皿、接种环、酒精灯。

4.3.3 实验方法

(1) 接种与培养

接种硫酸盐还原菌于装有葡萄糖蛋白胨培养液的试管中，置于 37℃恒温箱培养 24h。

(2) 结果观察

取出培养好的试管，沿着管壁加入 MR 试剂 3～4 滴，观察是否变色，若培养液由原来的桔黄色变为红色则为阳性反应。

4.3.4 数据处理

观察记录供试微生物的实验结果。

4.4 伏-波实验

4.4.1 实验原理

某些细菌在糖代谢过程中，分解葡萄糖产生丙酮酸，丙酮酸通过缩合和脱羧后转变成水溶性乙酰甲基甲醇（也称三羟基丁酮），然后被还原为 2,3-

丁二醇。乙酰甲基甲醇在碱性条件下被空气中的氧气氧化成二乙酰，二乙酰再与蛋白胨中的精氨酸的胍基起作用生成红色化合物，此为V-P正反应（若培养基中胍基太少，可加少量肌酸等含胍基化合物）。在试管中加入α-萘酚时，可促进反应出现。

4.4.2 实验材料

（1）活材料

硫酸盐还原菌。

（2）试剂

40%KOH（或NaOH）、肌酸、α-萘酚溶液。

4.4.3 实验方法

（1）接种与培养

接种硫酸盐还原菌于装有葡萄糖蛋白胨培养液的试管中，置于37℃恒温箱培养24h。

（2）结果观察

取出培养好的试管，在培养基中加入40%的KOH溶液10～20滴，再加入等量的α-萘酚溶液，拔去棉塞，用力振荡，再放入37℃恒温箱中保温15～30min（或在沸水浴中加热1～2min）。如培养液出现红色，为V-P正反应。

取一定量的培养液加入等量的40%的KOH溶液，再加入0.5～1mg的肌酸，猛烈振荡，2～10min内有红色出现即为V-P正反应。

4.4.4 实验记录

观察记录实验结果。

4.5 淀粉水解实验

4.5.1 实验原理

有些细菌具有合成淀粉酶的能力，可以分泌胞外淀粉酶。淀粉酶可以使淀粉水解为麦芽糖和葡萄糖，淀粉水解后遇碘不再变蓝色。

4.5.2 实验材料

(1) 活材料

硫酸盐还原菌。

(2) 培养基

淀粉培养基（牛肉膏蛋白胨培养基加 0.2%的可溶性淀粉）。

(3) 试剂

鲁氏碘液。

(4) 器材

平皿、接种环。

4.5.3 实验方法

(1) 准备淀粉培养基平板

将熔化后冷却至 50℃左右的淀粉培养基倒入无菌培养皿中，待凝固后制成平板。

(2) 接种

用接种环取少量的硫酸盐还原菌点接在培养基表面，每个平板可以同时接种两个不同的菌种（其中一种应是以枯草杆菌作对照菌）。

(3) 培养

将接种后的平皿置于 28℃恒温箱培养 24h。

(4) 检测

取出平板，打开平皿盖，滴加少量的碘液于平板上，轻轻旋转，使碘液均匀铺满整个平板。菌落周围如出现无色透明圈，则说明淀粉已经被水解，可以用透明圈大小说明测试硫酸盐还原菌水解淀粉能力的强弱。

4.5.4 实验作业

绘图表示两菌的实验结果。

4.6 明胶液化实验

4.6.1 实验原理

某些细菌分泌的蛋白酶可分解明胶产生小分子物质。如果细菌具有分解明胶的能力，则培养基可由原来的固体状态变成液体状态。

4.6.2 实验材料

（1）活材料

硫酸盐还原菌。

（2）明胶液化培养基

蛋白胨5g，明胶100～150g，水1000mL，pH值为7.2～7.4，115℃灭菌20min。

（3）器材

试管、接种针。

4.6.3 实验方法

（1）接种

用穿刺接种法接种硫酸盐还原菌于明胶培养基中。

（2）培养

放入20℃恒温箱培养48h。若细菌在20℃不长，则应放在最适温度下培养。

（3）观察结果

观察培养基有无液化情况及液化后的形状。

因明胶在低于20℃时凝固，高于25℃时自行液化，若是在高于20℃条件下培养的细菌观察时应放在冰浴中观察，若明胶被液化，即使在低温下明胶也不会再凝固。

4.6.4 实验作业

绘图表示实验结果。

4.7　接触酶实验

接触酶实验也称作触媒实验或者过氧化氢酶实验，一般用来鉴别细菌的类型。

4.7.1　实验原理

具有过氧化氢酶的细菌能催化过氧化氢生成水和新生态氧，继而形成分子氧出现气泡。

4.7.2　实验材料

3%～10%过氧化氢溶液。

4.7.3　实验方法

取槽置于洁净的试管内或玻片上，然后加 3%过氧化氢数滴；或直接滴加 3%过氧化氢于不含血液的细菌培养物中，立即观察结果。

结果显示有大量气泡产生者为阳性，不产生气泡者为阴性。

在革兰氏阳性球菌中，葡萄球菌和微球菌均产生过氧化氢酶，而链球菌属为阴性，故此试验常用于革兰氏阳性球菌的初步分群。

4.7.4　实验作业

观察记录实验结果。

4.8　产硫化氢实验

4.8.1　实验原理

某些细菌能分解含硫氨基酸产生硫化氢，硫化氢遇重金属盐如铅盐、铁盐时则生成黑色硫化铅或硫化铁沉淀，从而可确定硫化氢的产生。在液体培养基中接种硫酸盐还原菌，在试管棉塞下吊一块浸有乙酸铅的滤纸进行检测，硫酸盐还原菌分解含硫氨基酸释放出 H_2S，逸出的 H_2S 与滤纸上的乙酸铅反应形成黑色化合物。

4.8.2 实验材料

(1) 活材料

硫酸盐还原菌。

(2) 培养基

① 1号培养基：蛋白胨 10g，NaCl 5g，牛肉膏 10g，半胱氨酸 0.5g，蒸馏水 1000mL，pH 值为 7.0～7.4。分装试管，每管高度 4～5cm。112℃灭菌 20～30min。另外，将普通滤纸剪成 0.5cm 宽的纸条，长度根据试管与培养基高度而定。用 5%的乙酸铅将纸条浸透，然后用烘箱烘干，放于培养皿中灭菌备用。

② 2号培养基：牛肉膏 7.5g，蛋白胨 10g，NaCl 5g，明胶 5g，10% $FeCl_3$（培养基灭菌后无菌加入）5mL，蒸馏水 1000mL，pH 值为 7.0，112℃灭菌 20min。

培养基灭菌后，在明胶尚未凝固时加入新制备的过滤除菌的 $FeCl_3$，用无菌试管分装培养基，高度为 4～5cm，立即置冷水冷却凝固，供穿刺接种用。

(3) 器材

接种环、酒精灯。

4.8.3 实验方法

4.8.3.1 穿刺接种法

(1) 接种

取试验用的 2 号培养基 1 支，穿刺接种硫酸盐还原菌。

(2) 培养

于 37℃培养 24h。

(3) 观察结果

培养后的试管如出现黑色沉淀线以“+”表示。观察时注意接种线周围有无向外扩展的情况，如有则表示该菌有运动能力。

4.8.3.2　纸条法

（1）接种

用新鲜斜面培养物接种含半胱氨酸的牛肉膏、蛋白胨的 1 号培养基。

（2）悬挂乙酸铅纸条

接种后，用无菌镊子夹取一条乙酸铅纸条用棉塞塞紧，使其悬挂于试管中，下端接近培养基表面，但不接触液面。

（3）培养

于 37℃培养 24h。

（4）结果观察

接种后 3d、7d、14d 观察纸条颜色，纸条变黑为阳性，不变则为阴性。

4.8.4　实验作业

观察记录实验结果。

第5章

硫酸盐还原菌的分子鉴定

5.1　总 DNA 提取

硫酸盐还原菌菌株 DNA 提取的具体步骤如图 5-1 所示。

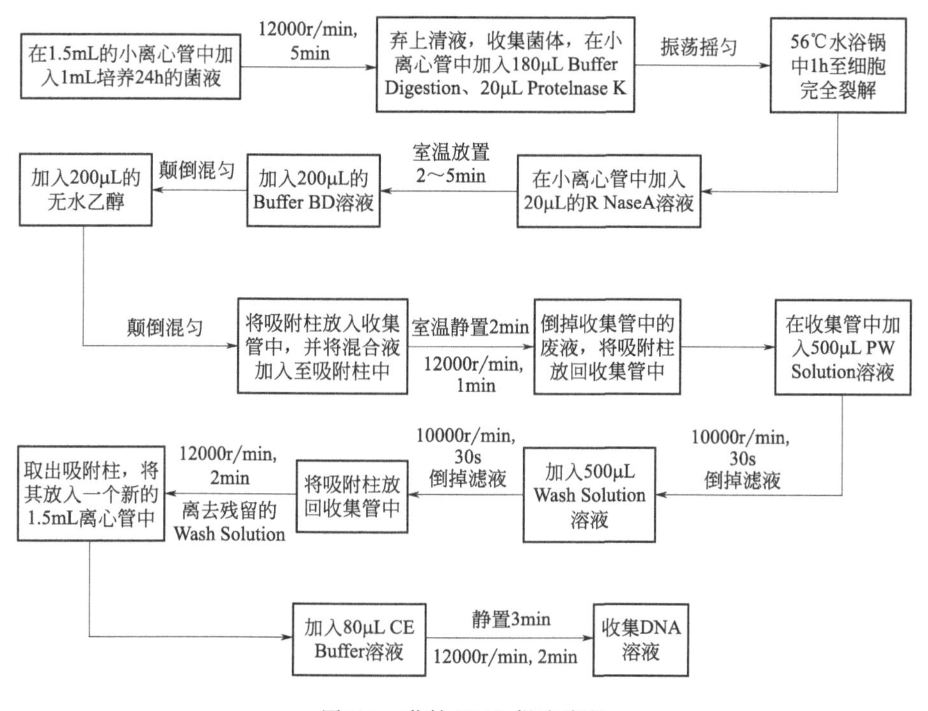

图 5-1　菌株 DNA 提取流程

5.1.1　实验目的

掌握总 DNA 的抽提方法。

5.1.2　实验原理

目前抽提 DNA 的方法多且比较完善，常用方法有 CTAB 法和小规模快速制备总 DNA 法。小规模快速制备总 DNA 的基本原理是：在碱性条件下用表面活性剂 SDS 使细菌细胞壁破裂，然后用高浓度的 NaCl 沉淀蛋白质等杂质，经过氯仿抽提进一步去掉蛋白质等杂质，经乙醇沉淀得到较纯的总 DNA。

5.1.3 实验材料

(1) 活材料

硫酸盐还原菌。

(2) 培养基

LB液体培养基。

(3) 试剂

溶菌酶100μg/mL，40mmol Tris-乙酸，20mmol pH值为8.0的乙酸钠，1mol EDTA，1% SDS（十二烷基硫酸钠），5mol NaCl，无水乙醇，超纯水和TE缓冲液，用pH值为8.0的Tris饱和的苯酚。

(4) 器材

微量移液器、1.5mL的离心管。

5.1.3.1 LB培养基的配制

(1) 液态培养基

配制1L培养基，应该在950mL去离子水中加入胰蛋白胨10g、酵母提取物5g、NaCl 10g。

摇动容器直至溶质溶解，用5mol/L NaOH调pH值至7.0。用去离子水定容至1L。在15psi（1psi=6894.76Pa）高压下蒸汽灭菌20min。

LB培养基是一种培养基的名称，生化分子实验中一般用该培养基来预培养菌种使菌种成倍扩增，以达到使用要求。培养的菌种一般是经过改造的无法在外界环境单独存活和扩增的工程菌。通过培养工程菌，可以表达大量的外源蛋白，也可以拿到带有外源基因的质粒，工程菌的有效扩增是生化分子实验的基础。

LB培养基的配方如下：胰蛋白胨（tryptone）10g/L；酵母提取物（yeast extract）5g/L；氯化钠（NaCl）10g/L。

另外根据经验值用NaOH调节该培养基的pH值，使其达到7.4（该pH值适合目前使用最广的原核表达菌种*E. coli*的生长）。

(2) 固态培养基

LB固体培养基1L加15g琼脂粉，一定要在温度降下之前加好抗生素，并且倒好板。

① 配制：100mL LB培养基加入1.5g琼脂粉。

② 抗生素的加入：高压灭菌后，将熔化的LB固体培养基置于55℃的水浴中，待培养基温度降到55℃时（手可触摸）加入抗生素，以免温度过高导致抗生素失效，并充分摇匀。

③ 倒板：一般10mL倒1个板子。培养基倒入培养皿后，打开盖子，在紫外灯下照10～15min。

④ 保存：用封口胶封边，并倒置放于4℃冰箱保存，1个月内用完。

5.1.3.2　TE缓冲液

pH值为7.4：10mmol/L Tris-HCl（pH值为7.4），1mmol/L EDTA（pH值为8.0）。

pH值为7.6：10mmol/L Tris-HCl（pH值为7.6），1mmol/L EDTA（pH值为8.0）。

pH值为8.0：10mmol/L Tris-HCl（pH值为8.0），1mmol/L EDTA（pH值为8.0）。

5.1.4　实验方法

（1）菌体培养

接种硫酸盐还原菌于LB液体培养基，于37℃培养16～18h，获得足够的菌体。

（2）菌体收集

取1.5mL培养液于1.5mL离心管中，12000r/min离心30s，舍弃上清液，收集菌体（注意吸干多余的水分）。

（3）辅助裂解

如果是G^+菌，应先加100μg/mL溶菌酶50μL于37℃处理1h。

（4）裂解

向每管加入200pL裂解缓冲液［缓冲液含（终浓度）40mmol Tris-乙酸，20mmol pH值为8.0的乙酸钠，1mmol EDTA，1%SDS］，用吸管头迅速强烈抽吸以悬浮和裂解硫酸盐还原菌细胞。

接着向每管加入5mol NaCl 66μL，充分混匀后，12000r/min离心10min，除去蛋白质复合物及细胞壁等残渣。将上清液转移到新离心管中，加入等体积的用 Tris 饱和的苯酚，充分混匀后，12000r/min 离心 3min，进一步沉淀蛋白质。取离心后的水层，加等体积的氯仿，充分混匀后，12000r/min 离心 3min，去除苯酚，舍弃上清液。小心取出上清液用 2 倍体积预冷的无水乙醇沉淀，15000r/min 高速离心 15min。用 400μL 70%的乙醇洗涤 2 次。真空干燥后，用 50μLTE 或超纯水溶解 DNA，然后置于 −20℃冰箱中备用。

5.1.5 注意事项

如果要大量抽提总 DNA，可以用此法成倍扩大；裂解缓冲液单独配制成母液，然后现配现用；在 4℃条件下操作最好；如果细胞的蛋白质较多，可重复操作上述步骤，直到将蛋白质完全除尽。

5.2 PCR 扩增 16S rRNA 序列

将上述得到的 DNA 溶液作为 DNA 模板，扩增其 16S rRNA 基因，引物使用细菌通用引物，上游引物为 5′-TACGGYTACCTTGTTACGACTT-3′，下游引物为 5′-AGAGTTTGATCCTGGCTCAG-3′。依次在小离心管中加入 2* Taq PCR Master Mix 12.5μL，DNA 模板 1μL，上游引物 2μL，下游引物 2μL，ddH_2O 7.5μL，总反应体系为 25μL，然后将离心管振荡离心，放入 PCR 扩增仪中。扩增条件如表 5-1 所列。

表 5-1 PCR 扩增条件

<table>
<tr><th colspan="4">扩增条件</th></tr>
<tr><td>预变性</td><td>95℃</td><td>5min</td><td></td></tr>
<tr><td>变性</td><td>95℃</td><td>1min</td><td rowspan="3">30 个循环</td></tr>
<tr><td>退火</td><td>54℃</td><td>1min</td></tr>
<tr><td>延伸</td><td>72℃</td><td>2min</td></tr>
<tr><td>再延伸</td><td>72℃</td><td>10min</td><td></td></tr>
</table>

PCR 扩增结束后，先取 20mL TAE 原液加蒸馏水，配制成 1L 的 TAE 缓冲液，再取 20mL 的 TAE 缓冲液加入 0.3g 的琼脂糖，加热至琼脂糖熔化，搅拌待其温度降低后加入 2μL 的 4S GelRed 核酸染液，倒入制胶板上，插入梳子，待 1h 后取胶，放入电泳槽内，倒入 TAE 缓冲液直至胶没住为止，取 3μL 的 PCR 产物至梳孔中，开启电泳仪，调整电泳仪的电压为

100V，设置跑胶时间为 20min，注意观察电泳条带的距离，当看到电泳条带已达中间时关掉电泳仪，取胶至凝胶成像仪中进行观察，并拍照记录。

5.2.1　实验目的

学习利用 PCR 技术鉴定微生物的方法。

5.2.2　实验原理

传统的细菌系统分类的主要依据是形态特征和生理生化性状，采取的主要方法是对细菌进行纯培养分离，然后从形态学、生理生化反应特征及免疫学特性加以鉴定。20 世纪 60 年代开始，分子遗传学和分子生物学技术的迅速发展使细菌分类学进入了分子生物学时代，许多新技术和方法在细菌分类学中得到广泛应用。目前，rRNA 分子已成为一个分子指标并广泛地用于各种微生物的遗传特征和分子差异的研究，可以通过对未知微生物 rDNA 序列的测定和比较分析，达到对其进行快速、有效鉴定分类的目的。

核糖体的 RNA 含有 23S rRNA、16S rRNA 和 5S rRNA 3 种类型，它们分别含有的核苷酸约 2900 个、1540 个和 120 个。5S rRNA 虽易分析，但由于核苷酸少，没有足够的遗传信息可用于分类研究。而 23S rRNA 含有的核苷酸数几乎是 16S rRNA 的 2 倍，分析较困难。16S rRNA 的相对分子质量适中，作为研究对象较理想。根据核糖体 16S rRNA 结构变化规律，其序列包括了 V_1、V_2、V_3 和 V_4 四个高变区，尤其是 V_2 这一高变区，由于进化速度相对较快，其所包含的信息足够用于物种属及属以上分类单位的比较分析。因此，测定 16S rDNA 部分序列即可达到对分离物的分子鉴定的目的。通过比较各类生物 16S rRNA 的基因序列，从序列差异计算它们之间的进化距离，可以绘出生物进化树。

16S rRNA 序列分析技术的基本原理就是从微生物样本中扩增 16S rRNA 的基因片段，通过克隆、测序或酶切、探针杂交获得 16S rRNA 序列信息，再与 16S rRNA 数据库中的序列数据或其他数据进行比较，以确定其在进化树中的位置，从而鉴定样本中可能存在的微生物种类。

5.2.3　实验材料

（1）材料

硫酸盐还原菌的总 DNA。

（2）试剂

Taq酶、Taq酶缓冲液、dNTP、无菌水、琼脂糖、电泳缓冲液、DNA回收试剂盒、溴化乙锭（EB）贮存液0.5pg/mL、PCR引物。

PCR引物：

27F：5′-AGAGTTTGATCCTGGCTCAG-3′；

1429R：5-GGTTACCTTGTTACGACTT-3。

（3）器材

PCR仪、电泳仪、电泳槽、移液器、吸头、离心管、PCR管、手提紫外灯、凝胶成像分析系统。

5.2.4 实验方法

5.2.4.1 PCR扩增16S rDNA

① 以硫酸盐还原菌总DNA作为聚合酶链反应（PCR）的模板，扩增16S rDNA的序列。50μL的PCR反应体系由以下成分组成：10×缓冲液（含$MgCl_2$）5μL，上下游引物各2μL（10μmol/L），dNTP 4μL（10mmol/L），模板DNA 1μL（500～1500ng/μL），Taq聚合酶0.5μL（5U/μL），不足部分由ddH_2O补充。

② PCR扩增条件采取降落PCR：94℃预变性5min，首先10个循环（94℃变性1min；退火温度从68℃下降至59℃，下降频率为每个循环降1℃，退火40s；72℃延伸1min），再以58℃的退火温度来进行20个循环（94℃变性1min；58℃退火60s；72℃延伸1min），最后72℃延伸10min。

5.2.4.2 PCR产物的检测

① 称取0.8g琼脂糖，放入锥形瓶中，加入100mL 1×TAE缓冲液，置于微波炉或水浴中加热至完全熔化，冷却至60℃左右，加入溴化乙锭至终浓度为0.5mg/mL，充分混匀。

② 调节制胶台水平，将制胶板两端用有机玻璃挡板封住，然后用熔化的胶封严。

③ 调节梳子与挡板间的距离（约1mm），和挡板平行安放。

④ 将步骤①制得的试剂轻缓倒入封好两端和加上梳子的电泳胶板中

(凝胶厚度一般为 0.3～0.5cm)，静置冷却 30min 以上。

⑤ 将胶板除去封胶带，加电泳缓冲液至电泳槽中，加液量要使液面没过胶面 1～1.5mm，轻轻拔除梳子。

⑥ 吸取 10μL 的 PCR 反应液与 2μL 的上清液混匀，吸取混合液加入加样孔。

⑦ 接通电泳槽与电泳仪的电源，采用 1～5V/cm 的电压。

⑧ 当溴酚蓝染料移动到距凝胶前沿 1～2cm 处时，停止电泳。

⑨ 用紫外凝胶成像仪和凝胶成像分析系统观察结果并记录，根据 DNA 标记的位置来判断 PCR 产物的大小。

5.2.4.3　PCR 产物的回收

① 用手术刀在紫外灯下迅速切取含有所需片段的凝胶，置于离心管中。注意：DNA 在紫外灯下曝光时间不能过长。

② 称取凝胶块的质量，按照每 1g 凝胶加入 1mL 结合缓冲液对应量加入适量体积的结合缓冲液，于 55～60℃ 水浴加热至凝胶完全溶解（7～10min)。每隔 2～3min 振荡一次。

③ 把 HiBind DNA 柱子套在 2mL 收集管内。

④ 将 DNA/凝胶混合液转移至套在 2mL 收集管内的 HiBind DNA 柱子中，以 10000r/min 转速离心 1min。

⑤ 倒去滤液，把柱子装回收集管中。HiBind 柱一次能装 700μL 溶液，若混合液超过 700μL，每次转移 700μL 至柱子中，然后重复步骤④～⑤。

⑥ 把柱子重新装回收集管，加入 300μL 结合缓冲液，按上述条件离心，弃去滤液。

⑦ 把柱子重新装回收集管，加入 700μL SPW 洗涤缓冲液，按上述条件离心，弃去滤液。

注意：使用前 SPW 洗涤缓冲液必须用无水乙醇稀释。

⑧（可选）重复步骤⑦一次。

⑨ 弃去滤液，把柱子重新装回收集管，13000r/min 离心空柱 2min 以甩干柱子基质。

⑩ 把柱子装在干净的 1.5mL 离心管内，加入 30～50μL 65℃ 预热的洗脱缓冲液到柱子基质上，室温静置 2min。≥13000r/min 转速离心 2min 洗脱出 DNA。

⑪ 将回收 DNA 电泳检测，于－20℃保存备用。

5.2.5 数据处理

观察并记录实验结果。对菌株的 PCR 产物进行分析，表明菌株的序列长度为 1481bp，PCR 扩增产物琼脂糖凝胶电泳图谱如图 5-2 所示。

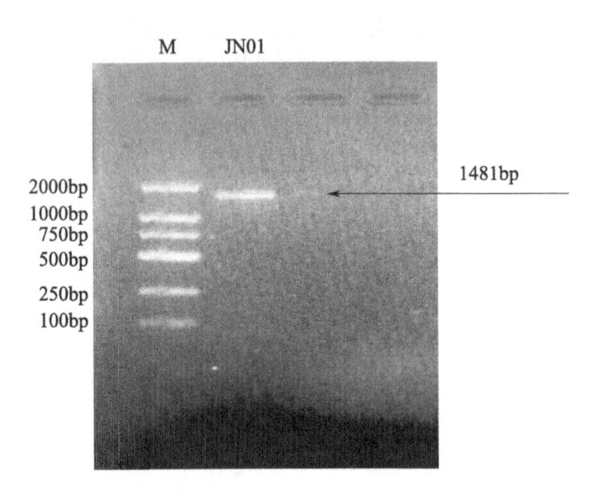

图 5-2　菌株的 16S rDNA 凝胶电泳条带图

将菌株的 PCR 产物进行纯化并测序，16S rDNA 测序由北京美吉生物公司完成，测得的 16S rDNA 序列如下：

5′-GGGCATGGGCGGCGGCTACCATGCAAGTCGAGCGGCAGCA
CAAGGGAGTTTACTCCTGAGGTGGCGAGCGGCGGACGGGTGA
GTAATGCCTAGGGATCTGCCCAGTCGAGGGGGATAACAGTTG
GAAACGACTGCTAATACCGCATACGCCCTACGGGGGAAAGAG
GGGGACCTTCGGGCCTCTCGCGATTGGATGAACCTAGGTGGG
ATTAGCTAGTTGGTGAGGTAATGGCTCACCAAGGCGACGATC
CCTAGCTGTTCTGAGAGGATGATCAGCCACACTGGGACTGAGA
CACGGCCCAGACTCCTACGGGAGGCAGCAGTGGGGAATATTGC
ACAATGGGGGAAACCCTGATGCAGCCATGCCGCGTGTGTGAAG
AAGGCCTTCGGGTTGTAAAGCACTTTCAGTAGGGAGGAAAGG
GTGAGTCTTAATACGGCTCATCTGTGACGTTACCTACAGAAG

AAGGACCGGCTAACTCCGTGCCAGCAGCCGCGGTAATACGGAG
GGTCCGAGCGTTAATCGGAATTACTGGGCGTAAAGCGTGCGCA
GGCGGTTTGTTAAGCGAGATGTGAAAGCCCTGGGCTCAACCTA
GGAATAGCATTTCGAACTGGCGAACTAGAGTCTTGTAGAGGG
GGGTAGAATTCCAGGTGTAGCGGTGAAATGCGTAGAGATCTG
GAGGAATACCGGTGGCGAAGGCGGCCCCCTGGACAAAGACTGA
CGCTCATGCACGAAAGCGTGGGGAGCAAACAGGATTAGATAC
CCTGGTAGTCCACGCCGTAAACGATGTCTACTCGGAGTTTGGT
GTCTTGAACACTGGGCTCTCAAGCTAACGCATTAAGTAGACCG
CCTGGGGAGTACGGCCGCAAGGTTAAAACTCAAATGAATTGA
CGGGGGCCCGCACAAGCGGTGGAGCATGTGGTTTAATTCGATG
CAACGCGAAGAACCTTACCTACTCTTGACATCCACGGAAGAGA
CCAGAGATGGACTTGTGCCTTCGGGAACCGTGAGACAGGTGCT
GCATGGCTGTCGTCAGCTCGTGTTGTGAAATGTTGGGTTAAG
TCCCGCAACGAGCGCAACCCCTATCCTTATTTGCCAGCACGTA
ATGGTGGGAACTCTAGGGAGACTGCCGGTGATAAACCGGAGG
AAGGTGGGGACGACGTCAAGTCATCATGGCCCTTACGAGTAG
GGCTACACACGTGCTACAATGGCGAGTACAGAGGGTTGCAAA
GCCGCGAGGTGGAGCTAATCTCACAAAGCTCGTCGTAGTCCGG
ATTGGAGTCTGCAACTCGACTCCATGAAGTCGGAATCGCTAGT
AATCGTGGATCAGAATGCCACGGTGAATACGTTCCCGGGCCTT
GTACACACCGCCCGTCACACCATGGGAGTGGGCTGCAAAAGAA
GTGGGTAGCTTAACCTTCGGGGGGGCGCTCACCCACTTTGGGT
TCATGACTGGGGGAAGTCGAACAGAGAGCCCATGCCC-3′

5.2.6 注意事项

① 在琼脂糖凝胶配制时，一定要耐心等待胶凝固后才能取出梳子。点样时要细心，以免点样枪头刺破凝胶。

② 电泳时，电极一定要连接正确。

③ 染色剂溴化乙锭是强诱变剂，有毒性，与该溶液接触时必须戴一次性手套，使用后的废液不可以随意丢弃。

④ DNA 回收时，凝胶在紫外灯下曝光时间不能过长。切取含所需 DNA 片段的凝胶时，尽量将多余的胶切除。

5.3 系统发育树的构建

将上述得到的结果在基因库中进行同源性序列对比，同时下载相似度较高的多个序列以及同一种的多个序列，分别利用 Mega 6.0 软件中的 NJ、ML、MP 三种方法构建系统发育树，并将结果进行对比。

将菌株的核酸序列在基因库中进行同源性序列对比，结果如图 5-3 所示。由图 5-3 可知，菌株与希瓦氏菌的相似度极高，因此鉴定该菌株为希瓦氏菌，并将该菌株命名为 *Shewanella* sp. JN01。

	Description	Max Score	Total Score	Query Cover	E value	Per. Ident	Accession
☑	Shewanella sp. FDAARGOS_354 chromosome, complete genome	2658	23567	98%	0.0	99.45%	CP022089.2
☑	Shewanella xiamenensis strain BC01 16S ribosomal RNA gene, partial sequence	2658	2658	98%	0.0	99.45%	JX119023.1
☑	Shewanella xiamenensis strain H_18 16S ribosomal RNA gene, partial sequence	2652	2652	98%	0.0	99.39%	MG428895.1
☑	Shewanella xiamenensis strain S4 16S ribosomal RNA, partial sequence	2647	2647	98%	0.0	99.32%	NR_116732.1
☑	Uncultured bacterium clone JFR0502_aaa12e10 16S ribosomal RNA gene, partial sequence	2638	2638	98%	0.0	99.32%	HM779036.1
☑	Shewanella xiamenensis strain H_28 16S ribosomal RNA gene, partial sequence	2636	2636	98%	0.0	99.18%	MG428828.1
☑	Shewanella sp. THREE-12 16S ribosomal RNA gene, partial sequence	2636	2636	98%	0.0	99.18%	KF650764.1
☑	Shewanella xiamenensis strain M_50 16S ribosomal RNA gene, partial sequence	2630	2630	98%	0.0	99.11%	MG428941.1
☑	Shewanella xiamenensis strain M_1 16S ribosomal RNA gene, partial sequence	2630	2630	98%	0.0	99.11%	MG428898.1
☑	Shewanella sp. WW001 gene for 16S rRNA, partial sequence	2630	2630	98%	0.0	99.11%	AB111109.1

图 5-3 基因库同源性序列对比图

目前，常用的分子系统树构建方法主要有最大简约法、最大似然法、距离矩阵法（主要是邻接法）和贝叶斯法。各种构建方法各有其优缺点。

利用 Mega 6.0 中 NJ、ML、MP 三种方法构建系统发育树，结果如图 5-4 所示，图中代表的先后顺序为 NJ/ML/MP。由图 5-4 可知，*Shewanella* sp. JN01 和 23 种不同的希瓦氏菌株相似度极高，三种不同的系统发育树的相似度分别为 65、76、—，其中—表示相似度低于 60，而在希瓦氏菌株中，*Shewanella* sp. JN01 和 *Shewanella schlegeliana strain* HR-KA1 的相似度相对较低，在整个系统发育树中，*Shewanella* sp. JN01 和 *Desulfovibrio carbinoliphilus strain* D41 的相似度最低。

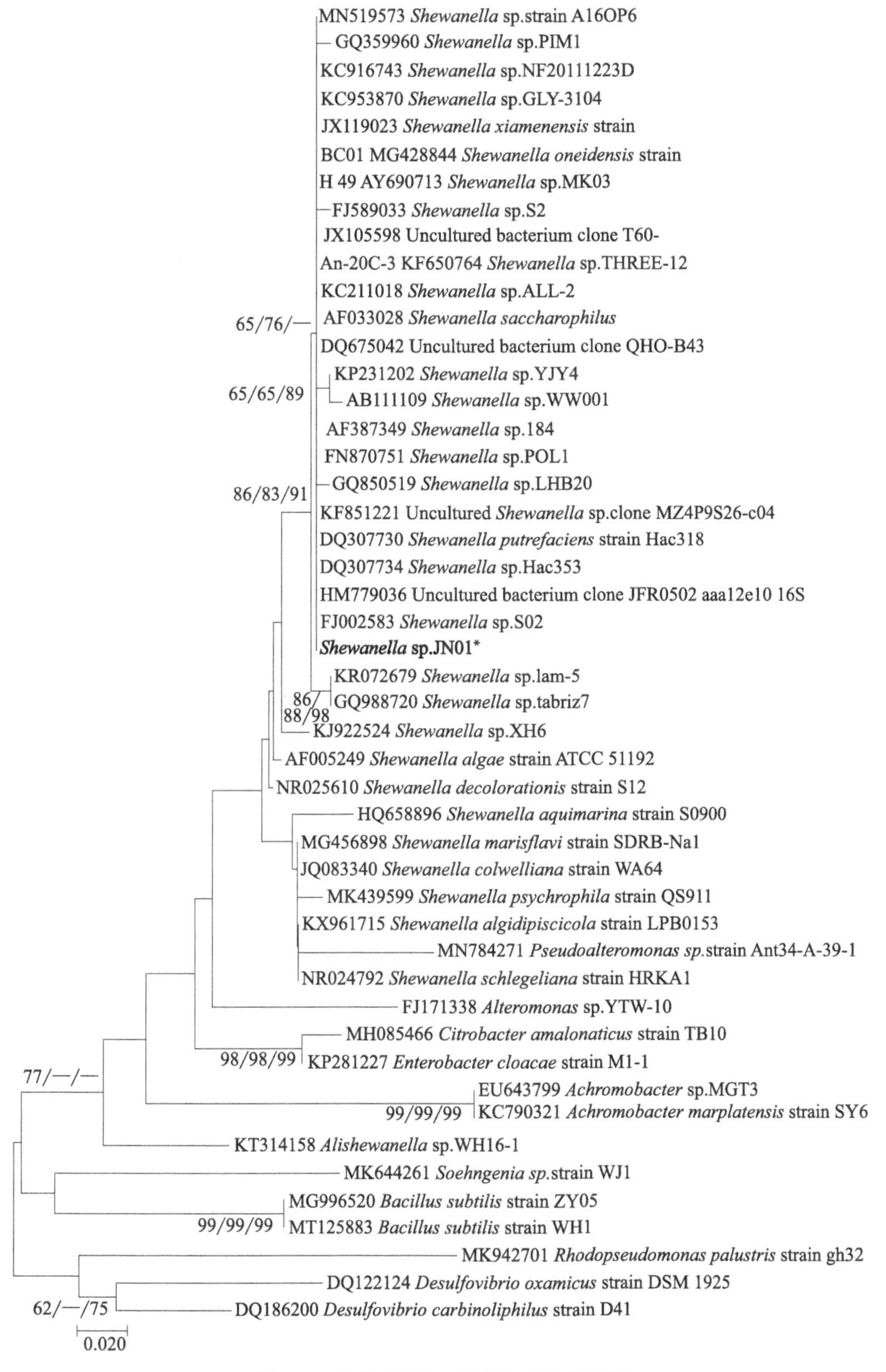

图 5-4　菌株希瓦氏菌属的系统发育树

第6章

硫酸盐还原菌的分离与鉴定

6.1　菌株的分离

硫酸盐还原菌（SRB）广泛分布于陆地、海底和海洋生态系统中，可以在不同的物理化学条件下生长，可以存在于极端的环境中。在硫酸盐还原菌的厌氧消化系统中，其生长受到各种生物和非生物因子的影响，较为重要的环境影响因子有碳源、温度、pH 值和氧化还原电位等。

将土柱置于 30℃手套箱（Coy Laboratory）中厌氧处理 1 周，取土柱中心的土样置于无菌水中，采用稀释涂布法，对菌株进行富集培养 1 周，然后采用富集培养基进一步驯化培养，每周更换新鲜培养液，连续培养 4 周即获得实验用的菌株。

从富集培养基中挑取菌株，先在固体培养基中进行平板划线，将平板倒置在 30℃的厌氧培养箱中培养 7d，可观察到菌落在平板上的形态为圆形，颜色为黑色，表面湿润，不透明，革兰氏染色为阴性。将菌株在液体培养基中培养，在 35℃条件下可观察到液体培养基变为黑色。在电子显微镜和透射电镜下观察希瓦氏菌的菌落形态，结果如图 6-1 所示（彩图见书后）。

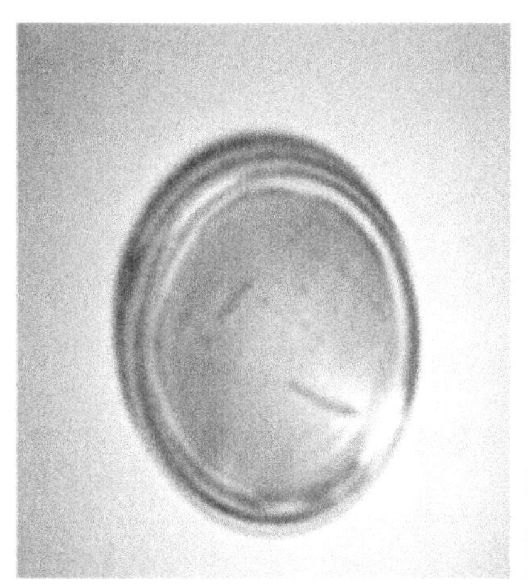

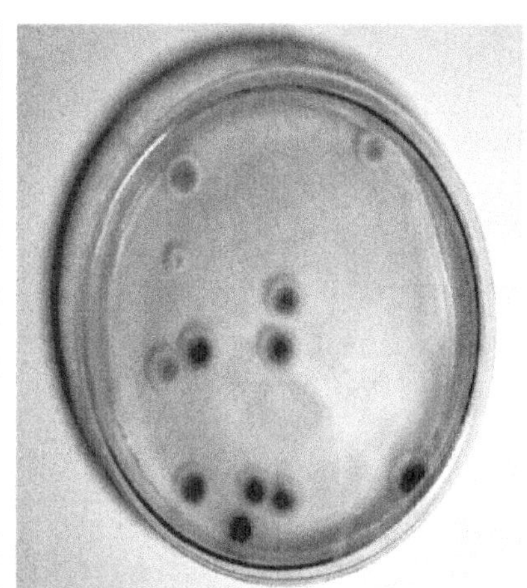

(a) 分离纯化图　　(b) 菌落形态图

图 6-1　希瓦氏菌的菌落形态

6.2 菌株的鉴定与特性

6.2.1 菌株的形态学特征

6.2.1.1 菌落形态

将菌株按平板划线法接种在固体培养基上，在30℃的厌氧手套箱中进行培养，隔一段时间观察菌落的颜色、大小、形状等，并将菌株于富集培养基中培养，观察其在富集培养基中的生长情况等，并记录观察结果（图6-2，彩图见书后）。

(a) 生长时液体培养基的变化

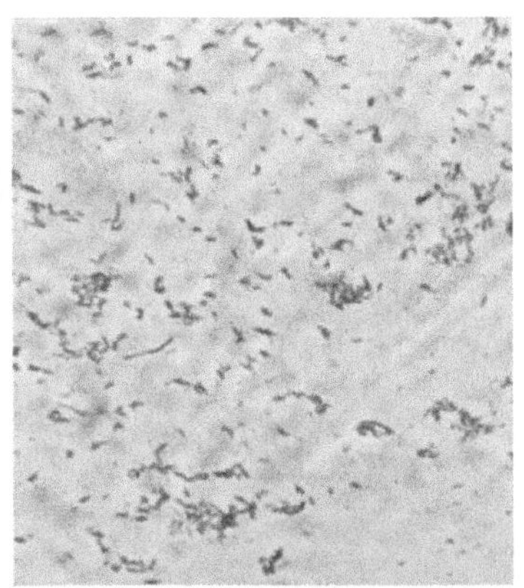

(b) 菌株显微结构图

图6-2 希瓦氏菌的培养和显微结构图

6.2.1.2 生物扫描电镜观察

将菌株在富集培养基中培养24h，然后将其在离心机中离心，目的为去除上清液和石蜡等液体。然后使用无菌水将剩余的菌体进行多次清洗，待上清液干净后，再次离心保留剩余的菌体。在剩余的菌体中加入2.5%戊二醛，于4℃的冰箱中放置并固定12h，最后用0.1mol/L磷酸盐缓冲液（pH值为7.2）洗涤3次，再在90%的乙醇溶液中脱水，置于无菌台上自然干燥，通过生物扫描电镜观察菌株的形态和结构（图6-3）。

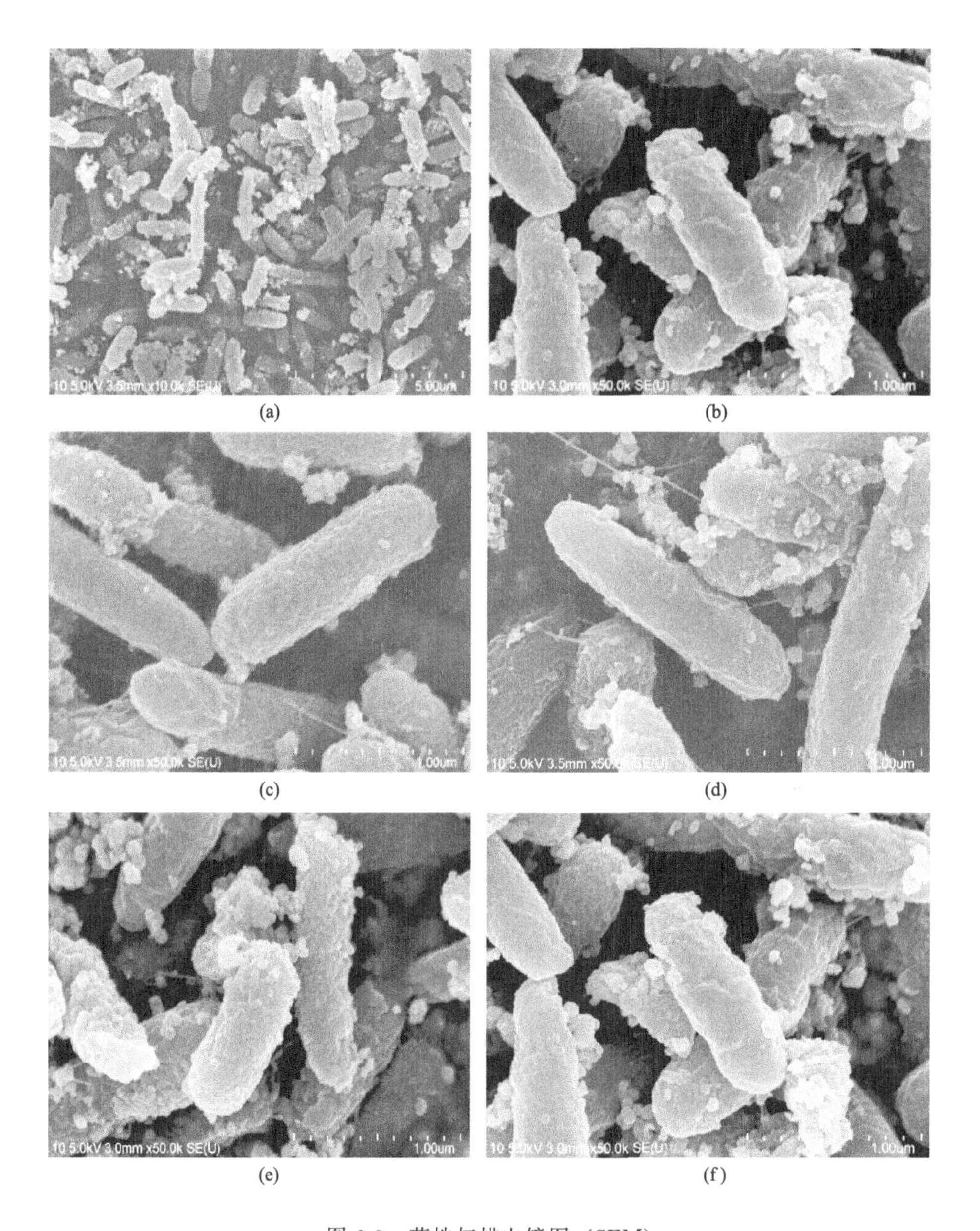

图 6-3　菌株扫描电镜图（SEM）

6.2.2　菌株的生理生化特征

菌株的生理生化鉴定包括革兰氏染色、葡萄糖氧化发酵试验、甲基红试验、V-P 试验和淀粉水解试验（表 6-1），具体试验步骤参照第 4 章相关内容。

表 6-1　菌株的生理生化特征

生理生化特征	鉴定结果
葡萄糖氧化发酵试验	+
甲基红试验	−
V-P 试验	+
淀粉水解试验	−
明胶液化试验	−
接触酶试验	−
产硫化氢试验	+

注："+"表示阳性；"−"表示阴性。

第7章

硫酸盐还原菌降解、去除阿特拉津的特性及机理

7.1 阿特拉津概述

阿特拉津具有成本低、除草效率高等优点，是应用最广泛的除草剂之一（Singh and Nitanshi，2017）。阿特拉津最早的除草性质由 E.克努斯利等于 1957 年发现（李一凡等，2012）。阿特拉津由于大范围使用，对人类健康产生了威胁，被列入《关于持久性有机污染物的斯德哥尔摩公约》的控制名单中。虽然许多国家由于阿特拉津的高毒性而避免使用它，但它仍然是许多国家最受欢迎的除草剂之一，约有 80 多个国家在使用（Jin，et al，2002）。阿特拉津及其衍生物的化学结构式如图 7-1 所示（彩图见书后）。

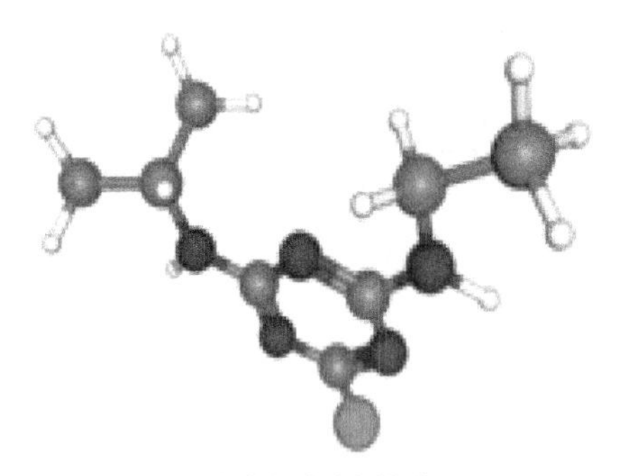

(a) 阿特拉津球棍模型

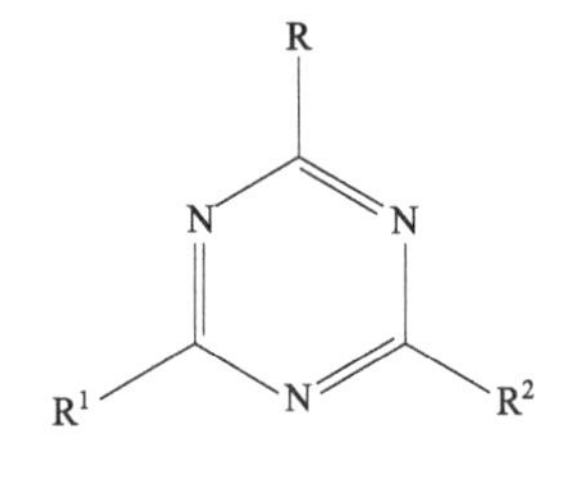

(b) 阿特拉津衍生物的化学结构式

图 7-1 阿特拉津球棍模型及其衍生物的化学结构式

7.1.1 阿特拉津的理化性质

阿特拉津（2-chloro-4-ethylamino-6-isopropylamino-*s*-triazine），又名莠去津，分子式为 $C_8H_{14}ClN_5$，是三嗪苯类除草剂中的一种（刘强等，2016）。阿特拉津的分子量为 215.68，在 20℃的环境中密度可达 1.187g/mL，蒸汽压达 4.0×10^{-5}Pa，沸点 200℃，熔点 173～175℃。阿特拉津微溶于水（0.007g/100mL），易溶于其他有机溶剂中，且在不同的有机溶剂中溶解度不同，在氯仿、丙酮、乙酸乙酯、甲醇、正戊烷、二乙醚中的溶解度分别为 28g/L、31g/L、24g/L、15g/L、0.36g/L 和 2g/L。在偏酸或微碱性介质中较稳定，在高温、强酸和强碱等条件下易发生水解，生成其衍生物，主要包括 DEA（脱乙基阿特拉津）、DIA（脱异丙基阿特拉津）和 HYA（羟基阿特拉津）（陈学国等，2019）。

7.1.2　阿特拉津的作用机理

据报道，选择性内吸传导型除草剂包括禾草丹、苄嘧磺隆、氯氟吡氧乙酸和吡嘧磺隆等，阿特拉津属于其中的一种。阿特拉津的作用原理是植物根部将阿特拉津吸收的同时，向上传导至植物的各个部位，达到抑制阔叶杂草光合作用的目的，有斩草除根的效果（吴奇和宋富强，2017；李娜等，2020）。阔叶杂草一般利用水、二氧化碳通过光合作用合成糖类等有机物，使植物生长，而阿特拉津可以抑制光合作用中的电子传递，影响气孔的开放等，使叶片失绿，导致植物枯死（高峰，2014；张爱清，2014）。同时，阔叶杂草的叶绿体膜中一般包括光系统Ⅰ（PSⅠ）和光系统Ⅱ（PSⅡ）两套光合作用系统，阿特拉津主要与 PSⅡ中的 DI 蛋白结合，使膜蛋白的空间构型发生改变，阻碍稳定的次级电子受体醌 Q_A 到下一个次级电子受体醌 Q_B 的电子传递和 NADPH 合成所需的 CO_2 固定，从而影响细胞膜的结构，导致细胞死亡，中断光合作用。在过去的 35 年里，阿特拉津被广泛应用于杀灭高粱、甘蔗、小麦和玉米等田间的阔叶杂草（Simranjeet，et al，2020；Hou，et al，2017）。常乐等（2020）研究了阿特拉津对谷子田地里单子叶和双子叶杂草的去除效果，结果表明阿特拉津对后者的防除效果优于前者，同时发现当喷洒量为 4500～6000g/hm^2 时，其不仅可以有效去除杂草，也可以对谷类不产生药害。

7.1.3　阿特拉津的污染现状

阿特拉津具有流动性高和持久性强等特点，经过多年的应用，导致在土壤、地表水和地下水中都可以检测到阿特拉津及其衍生物（Schiavon，1988；Jiang，et al，2019a）。据不完全统计，芬兰在 1992 年已要求停止出售阿特拉津（Alja，et al，2008）；2008 年美国施用阿特拉津的量已达 2900 万～2400 万千克，阿特拉津是美国第二大最常用的农药（Krutz，et al，2008）；1986 年，瑞典施用阿特拉津的量达 120t（Gianessi，et al，1987）。我国是一个农业大国，从 20 世纪 80 年代初开始使用，到 2020 年阿特拉津的使用量达 10820t（Singh and Jauhari，2017）。

1992 年，美国的一项研究表明西湖 13 个水样中有 11 个超过了饮用水标准（韩佳霖，2015）；2006 年北京备用水库的阿特拉津含量达到临界水平（0.67～3.9μg/L）（刘永健等，2016）；张望等（2019）在连云港市的海州湾沿岸水域调查了阿特拉津的残留情况，发现阿特拉津的最高浓度可达61.9ng/L，且呈现出农业地区沿岸浓度高于生活区的趋势；陈晓等（2019）研究了望虞河西岸九里河4种除草剂的污染状况，结果表明阿特拉津的最高值接近国家规定的标准限值，且检出率为100%；徐雄等（2016）使用风险商的方法对我国重点流域地表水中的阿特拉津污染及生态风险进行了评价，结果表明阿特拉津在不同领域地表水中的浓度为7.0～1289.5ng/L，其中在太湖、黑龙江和松花江三个流域有潜在的生态风险。上述研究结果表明，许多地方的河流、地下水和地表水均受到了阿特拉津的污染，存在潜在的生态风险。

7.1.4 阿特拉津的危害

阿特拉津是一种破坏人体内分泌的化学物质，可以通过呼吸、皮肤和消化道吸收到人体体内。世界卫生组织表明，人体对阿特拉津的每日可耐受量为0.002mg/L，表明阿特拉津具有高毒性（Tao，et al，2020）。Sidhu等（2019）表明，阿特拉津可扰乱女性的性激素并可以入侵雌激素受体，从而导致功能发生障碍、习惯性流产、卵巢内分泌功能不稳定、月经周期不规律等问题。同时，有研究表明，阿特拉津对人体有致癌作用，长时间接触阿特拉津的人更容易患前列腺癌，也会造成血管系统发生问题（叶新强等，2006）。Lee等（2020）通过对目前使用和禁止使用的农药的免疫毒性进行总结，表明阿特拉津可以诱导细胞凋亡或细胞周期阻滞，干扰T细胞、B细胞、NK细胞和巨噬细胞等白细胞的特异性免疫功能，抑制白细胞的存活和生长，从而导致器官衰竭等与免疫系统相关的疾病。上述研究表明，阿特拉津可以对人体产生极大的危害。

阿特拉津及其衍生物也可以导致许多动物中毒，导致生物的种群结构和数量发生改变，从而影响生物的稳态平衡（瞿建宏和吴伟，2002）。周炳等（2008）研究了阿特拉津对斑马鱼胚胎的影响，发现当阿特拉津的浓度为10^{-3}mol/L时，处理组的胚胎比对照组的胚胎发育慢，且都发生明显的心包囊肿等问题，证明阿特拉津对发育具有明显的延迟性以及致畸等不良影响。周博等（2008）研究了阿特拉津对雄性大鼠生殖功能的影响，表明阿特拉津会降低大鼠血清中的睾丸激素含量，影响精子的成熟，并且可以在生物体内进行积蓄，影响其生殖机能。Yoon等（2019）研究了阿特拉津对海洋桡足类生活参数、氧化应激和蜕皮甾体生物合成途径的影响，结果表明在幼体中当浓度达20mg/L时，幼体生长缓慢，蜕皮和变态期延长，大小也显著减小。同时发现，桡足类在阿特拉津的作用下，谷胱甘肽 S-转移酶活性显著升高，CYP307E1、CYP306A1、CYP302A1、CYP3022A1［CYP315A1］、CYP314A1 和 CYP18D1 基因在幼体中的表达显著下调。上述研究表明，阿特拉津可以造成动物内分泌失调、生长缓慢，有极大危害。

据报道，阿特拉津可以引发活性氧（ROS）的产生，从而对作物等非目标生物产生生态毒性，导致氧化应激（Jiang，et al，2016）。Ju 等（2020）研究了阿特拉津在小麦植株中的潜在吸收和积累，发现小麦根系可以通过共质体途径吸收阿特拉津，运输到茎和叶，从而对小麦产品安全构成威胁。Li 等（2012）研究了玉米幼苗对阿特拉津的积累和毒性反应，结果表明当阿特拉津被玉米吸收后，会在其体内进行一系列的生化反应，并随着阿特拉津浓度的增加在其体内产生富集作用；同时可以发现，在 10mg/L 的阿特拉津浓度下，玉米根中的酶活性发生了明显的变化，如超氧化物歧化酶和过氧化物酶活性升高，使玉米幼苗的生长受到了明显的抑制作用。金研铭等（2010）研究了不同浓度的阿特拉津对波斯菊种子萌发和生长的影响，结果表明阿特拉津浓度的高低对种子生长的影响大不相同，当阿特拉津浓度较低时可以促进种子的萌发和生长，而较高浓度的阿特拉津会导致种子无法正常发芽。

阿特拉津易在生态系统中长期存在，并可对水生环境中的浮游植物产生潜在的毒性（Zhao，et al，2018）。廖翀等（2013）研究了阿特拉津对新月藻的毒性效应，发现当阿特拉津浓度为 0.1mg/L 时，新月藻可在 48s 时就对其产生毒性响应，分析其主要原因为阿特拉津抑制了新月藻光合作用中的希尔反应或电子传导。Sun 等（2020）研究了阿特拉津在不同初始细胞密度和暴露时间下对小球藻的急性毒性，并证明阿特拉津破坏了光系统Ⅱ（PSⅡ）反应中心，抑制了供体侧和受体侧的电子传递。Brain 等（2012）提出光照强度在阿特拉津对加拿大伊乐藻产生毒性的过程中起着重要作用，发现在光照条件 6000lx 下，阿特拉津处理组的净茎长比对照组减少 68%，而在黑暗条件下阿特拉津对其生长没有影响。上述研究表明，阿特拉津可以对植物等造成不同程度的毒性。

有研究报道，阿特拉津会影响作物的生长和产量，并通过食物链富集危害人类健康，具有潜在的“三致”危害；水体中存在的阿特拉津即使在微克水平，也会影响水生动物的性发育，长期暴露在低浓度下会引起其内分泌失调、先天残疾，甚至引发癌症（孟顺龙等，2009）。因此，如何降低阿特拉津在环境中的浓度是目前众多学者关注的重要问题。

7.2 阿特拉津的生物降解

据国内外研究表明，阿特拉津可以通过多种途径进行降解。物理法（Ahmad，et al，2008；Cheng，et al，2017）包括吸附去除技术、纳米过滤、凝聚沉淀等；化学法（Wu，et al，2018；李一凡等，2012）包括高级氧化技术、光解法、臭氧氧化法等；生物法（Kolekar，et al，2019；Qu，et al，2018）包括利用细菌、真菌、藻类和植物等进行降解。然而，物理法不能改变阿特拉津的性质，不能从根本上将其去除；化学法往往存在运行成本高、能耗高、降解物易成为二次污染物等问题；生物法是目前对环境最为友好的方法。下面将从细菌、真菌、植物和藻类等方面系统地阐述生物法去除阿特拉津污染的最新研究进展，为阿特拉津的降解研究提供依据和方法。

近年来，降低阿特拉津在环境中浓度的技术措施开始受到人们的关注。微生物修复法具有成本效益高、对环境友好和对自然生态系统无入侵性等优点，得到了广泛的应用。许多能够降解阿特拉津的微生物已经被分离和鉴定，其中包括假单胞菌属（*Pseudomonas*）、不动杆菌属（*Acinetobacter*）、红球菌属（*Rhodococcus*）、节杆菌属（*Arthrobacter*）、柠檬球菌属（*Citric-occus*）、土壤杆菌属（*Agrobacterium*）、诺卡氏菌属（*Nocardia*）等属细菌及蜡样芽孢杆菌（*Bacillus cereus*）。

上述阿特拉津降解菌中多数为好氧菌，且研究大部分都集中在大浓度的降解，如 *Arthrobacter* sp. ZXY-2 和 HB-5、*Enterobacter* sp. LY2、*Shewanella* sp. YJY4、*Pseudomonas* sp. DNS10 降解 100mg/L 的阿特拉津，*Arthrobacter ureafaciens* sp. CS3 和 *Arthrobacter* sp. MSD6 降解 500mg/L 的阿特拉津，*Exiguobacterium* sp. BTAH、*Arthrobacter* sp. SD41 降解 1000mg/L 的阿特拉津。而有研究表明，阿特拉津在厌氧条件下比在有氧条件下降解得更好，且我国地表水中阿特拉津的标准限值为 0.003mg/L，实际应用难以真正使阿特拉津的浓度达到 0～20mg/L。2016 年，希瓦氏菌（厌氧菌）降解阿特拉津的第一次报道受到人们关注。

7.2.1 微生物法降解阿特拉津

7.2.1.1 细菌法

细菌由于种类繁多，生理特性各不相同，在微生物修复中占主导地位。

研究表明，许多高效降解阿特拉津的细菌在 20 世纪 60 年代已被发现，且在土壤环境中阿特拉津降解菌以革兰氏阳性菌为主（万年升等，2006；Topp，et al，2000）。到目前为止，已从土壤中分离出许多可降解阿特拉津的菌种（马浩珂等，2019；Vibber，et al，2007；Singh，et al，2004）（表 7-1），使用革兰氏染色法可将其分为革兰氏阳性菌和革兰氏阴性菌两大类。

表 7-1 可降解阿特拉津的菌种

菌种名称	类别	菌种名称	类别
藤黄微球菌(*Micrococcus luteus*)	革兰氏阳性菌	假单胞菌属(*Pseudomonas*)	革兰氏阴性菌
诺卡氏菌属(*Nocardia*)		不动杆菌属(*Acinetobacter*)	
蜡状芽孢杆菌(*Bacillus cereus*)		产碱杆菌属(*Alcaligens*)	
微小杆菌(*Exiguobacterium collins*)		欧文氏菌属(*Erwinia*)	
红球菌属(*Rhodococcus*)		肠杆菌属(*Enterobacter*)	
节杆菌属(*Arthrobacter*)		黄单胞菌属(*Xanthomonas*)	
厚壁菌属(*Firmicutes*)		根瘤菌属(*Rhizobium*)	
柠檬球菌属(*Citricoccus*)		土壤杆菌属(*Agrobacterium*)	

近年来，许多研究学者常利用阿特拉津作为唯一碳源和氮源来分离得到高效降解阿特拉津的菌种（Ma，et al，2017；Zhang，et al，2012），结果表明不同的阿特拉津降解菌种在不同的培养条件下对阿特拉津的降解效率不同，如表 7-2 所列（Yang，et al，2018a；闫彩芳等，2011；代先祝等，2007；杨晓燕等，2018）。同时也有学者表明，应用混合菌种可以提高对阿特拉津的降解效率。Jiang 等（2019c）将无降解能力的 *Enterobacter* sp. P1 和以阿特拉津为唯一氮源筛选出来的 *Arthrobacter* sp. DNS10 混合培养来加强对阿特拉津的降解，其 48h 可将浓度为 100mg/L 的阿特拉津降解 99.18%，比单一 *Arthrobacter* sp. DNS10 菌种的降解效率提高 60%。因此，可以利用混合菌种来提高降解阿特拉津的能力。

表 7-2 不同菌种的降解效率

菌株名称	pH 值	温度/℃	阿特拉津浓度/(mg/L)	基因	降解能力
Arthrobacter sp. X-4	7	30	100	*trz*N、*atz*BC	95.7%(42h)
Pseudomonas sp. SA1	7	37	500	*atz*ABCD	90%(48h)
Arthrobacter ureafaciens CS3	7	30	50	*trz*N、*atz*BC	100%(8h)
Citricoccus sp. TT3	7	30	50	*trz*N、*atz*BC	100%(66h)
Arthrobacter sp. L-1	7～8	30	500	—	94.8%(96h)

有研究表明，细菌降解阿特拉津的生物途径在20世纪已被发现，学者将其主要分为脱烷基、水解和开环3种（骆红月等，2015），即微生物降解阿特拉津生成脱乙基阿特拉津、脱异丙基阿特拉津、羟基阿特拉津。同时发现，细菌降解阿特拉津生成脱乙基阿特拉津和脱异丙基阿特拉津的过程非常缓慢，且在阿特拉津不饱和的土壤中，降解生成脱异丙基阿特拉津的反应速率要比生成脱乙基阿特拉津的反应速率慢几倍（周宁等，2008）。阿特拉津发生水解进行脱氯反应生成羟基阿特拉津的过程也非常缓慢，且已经成为微生物降解阿特拉津的最常见的第一步反应。目前，研究发现能使阿特拉津开环的菌株多为假单胞菌（王英，2007）。

也有研究表明，微生物降解阿特拉津的反应需要酶的参与，主要受基因调控，但不同属种间差异较大（李娜等，2020）。Mandelbaum等（1995）发现假单胞菌可将阿特拉津完全矿化为CO_2和NH_3，由*atz*A、*atz*B、*atz*C、*atz*D、*atz*E和*atz*F基因调控来实现。其中*atz*A、*atz*B、*atz*C所编码的酶分别代表阿特拉津氯水解酶、羟基阿特拉津乙氨基水解酶和*N*-异丙基氰尿酰胺水解酶。同时，编码环裂解所需的酶由*atz*D/*trz*D、*atz*E和*atz*F来控制，可催化氰尿酸降解为CO_2和NH_3，且*atz*A和*trz*N与*atz*D和*trz*D的生化机制相同。最新研究表明，通过外加离子可以加强基因的转录，提高降解阿特拉津的能力。Jiang等（2019b）通过添加外源Zn^{2+}来调控氯水解酶基因*trz*N的转录，同时可以调节*Arthrobacter* sp. DNS10的膜透性来增强对阿特拉津的降解。结果表明，当Zn^{2+}的浓度为0.05mmol/L时，在48h时阿特拉津的降解率比空白组高2.21倍，且氯水解酶基因*trz*N在*Arthrobacter* sp. DNS10中的表达也增强了7.30倍。

利用转基因工程获得高效阿特拉津降解菌在20世纪70年代初已得到了令人瞩目的成就。Strong等（2000）利用假单胞菌中的*atz*A基因，通过将其转化到大肠杆菌中并成功表达，证明了死亡的转基因大肠杆菌具有降解阿特拉津的能力，8周即可。这些实验表明，利用转基因工程法可以有效提高降解阿特拉津的速率。

7.2.1.2 真菌法

（1）可降解阿特拉津的真菌

真菌具有在缺少氮磷和水分的环境下仍能降解阿特拉津的能力，虽然数量少于细菌，但同样在降解阿特拉津的研究中有着重要的作用，已越来越多地受到研究学者的重视。研究表明，已经分离得到许多能够降解阿特拉津的真菌（表7-3），但其降解效率不同且最终产物也不同（周宁等，2008）。同时，也有学者表明真菌可以与细菌联合处理阿特拉津。Yu等（2019）将*Arthrobacter* sp. ZXY-2固定在黑曲霉Y3的菌丝体上来去除阿特拉津，阿特拉津的降解率很高（0.3g自固定生物混合物可以在8h后以50mg/L的初始浓度降解20mL阿特拉津）。

表7-3 可降解阿特拉津的真菌

菌种名称	拉丁文名称
烟曲霉	*Aspergillus fumigatus*
焦曲霉	*Aspergillus ustus*
黄柄曲霉	*Aspergillus flavipes*
匍枝根霉	*Rhizopus stolonifer*
串珠镰孢	*Fusarium monilifome*
曲霉属	*Aspergillus*
根霉属	*Rhizopus*
镰孢菌属	*Fusarium*
青霉属	*Penicillium*
木霉属	*Trichoderma*
粉红镰孢菌	*Fusarium roseum*
球囊霉菌	*Glomus*
尖孢镰刀菌	*Fusarium oxysporum*
斜卧青霉菌	*Penicillium decumbens*
微紫青霉菌	*Penicillium janthinellum*
球盖茹科真菌	*Hypholoma fasciculare*
白腐菌	*Phanerochaetc chrysosporium*
毛韧革菌	*Stereum hirsututn*
黄体青霉	*Penicillium luteum*
绿色木霉	*Trichoderma viride*
彩绒革盖菌	*Coriolus versicolor*

（2）真菌降解阿特拉津的机理研究

目前，对于真菌的降解机理研究相对较浅显，且不同的真菌降解机理也不尽相同。Mougin等（1994）认为白腐菌通过分解木质素的过氧化酶来降解阿特拉津，具有较强的氧化降解能力，可降解卤代芳烃等多种环境污染物，并且能够容忍很多极端环境，例如高低温度、营养匮乏、低水分的环境等。Khromonygina 等（2004）认为不产孢子的菌丝真菌通过纤维二糖氢酶矿化阿特拉津，其优势在于可传递一些重要的元素（营养、水、污染物本身等）。粉红镰孢菌降解阿特拉津的途径为脱氯水解，生成羟基衍生物，从而使阿特拉津毒性降低（李志伟，2008）。Donnelly 等（1993）研究了菌根真菌和非菌根真菌对阿特拉津的去除效果，结果表明虽然真菌无法使芳香环开环，但阿特拉津仍能被其降解，同时也证明了真菌降解阿特拉津的能力只与真菌种类有关，与其是何种生态型并无直接的关联。尽管许多实验结果表明，真菌法降解阿特拉津的效率较高且有研究意义，但是对真菌分子水平上的研究很少，需要进行的研究工作依旧很多。

7.2.2 植物法降解阿特拉津

7.2.2.1 可降解阿特拉津的植物

植物法降解阿特拉津具有成本低、无二次污染、自然美观和可进行大面积原位操作等特点。研究表明，杨树、扫帚菜（即地肤）、狼尾草、柳枝稷、多花黑麦草、牛筋草、龙葵、绿穗苋、地衣、黍属植物、猫薄荷、蓟属植物、灯芯草、芦苇、皇竹草、斑茅和高羊茅（Krutz et al，2008；陈建军等，2014）等植物都对阿特拉津具有去除效果。同时发现，植物根系的代谢活动加速了土壤微生物的活动，使得根系微生物可以更好地吸收且利用有机污染物（陈建军等，2010）。陈建军等（2014）研究了牛筋草对阿特拉津的去除效果，结果表明在 60d 内该植物对 50mg/kg 阿特拉津的去除率达 41.70%，且去除率与生物量成正比。Perkovich 等（1996）研究了地肤对阿特拉津的去除效果，结果表明在 36d 内该植物根基土壤处的阿特拉津被矿化 62.10%，且相比对照组明显加速了阿特拉津在根际区的矿化。Qu 等（2019）研究了菹草和狐尾藻两种沉水植物对阿特拉津的降解能力，结果表明初始浓度为 2.0mg/kg 的阿特拉津可在 90d 被降解，使浓度小于 0.040mg/kg。尽管很多研究都证明在自然条件下植物能够降解阿特拉津，但是选择何种植物进行植物修复，以及如何缩短植物修复污染物的周期是目前研究的重点和难点。

7.2.2.2 植物降解阿特拉津的机理研究

现如今，植物降解研究刚刚起步。研究发现，植物降解水和土壤中的阿特拉津主要有三个途径，分别是植物的转化和降解、叶表的挥发与根的吸收和积累。大致的研究机理是植物根系分泌释放的酶（如过氧化氢酶、过氧化物酶、转化酶和多酚氧化酶等）可直接降解阿特拉津（Qu，et al，2019），将其转化为植物根系可直接吸收的小分子物质（糖类、醇类和氨基酸等），小分子物质可以为土壤中的微生物生长提供营养物质，促进根系微生物的生长，提高微生物对阿特拉津的降解效率（信欣等，2004）。同时发现，一些双子叶植物和单子叶植物的某些基因可以降解土壤中的阿特拉津，且表现出较高的耐受性（Singh，et al，2017），其在植物体内的存在形式主要是阿特拉津发生水解产生的DEA（脱乙基阿特拉津）和DIA（脱异丙基阿特拉津）两种代谢产物（Albright，et al，2013）。

7.2.2.3　转基因工程法在植物修复中的应用

目前，能够高效降解阿特拉津的植物在自然界中并不常见，所以如何将微生物等其他物种中能高效降解阿特拉津的基因导入植物中并成功表达，利用转基因植物对阿特拉津进行修复将是未来重要的研究方向（Kramer，et al，2005；Suresh，et al，2004）。王绘砖等（2008）研究了转基因烟草对阿特拉津的去除效果，即先将阿特拉津氯水解酶基因转移到烟草中并成功表达，使阿特拉津脱氯生成羟基阿特拉津，结果表明其对阿特拉津具有一定的降解效果。Inui（2005）等研究了转基因马铃薯对阿特拉津的去除效果，结果表明P450基因在转基因马铃薯中的成功表达提高了其对阿特拉津的降解能力。Kawahigashi等（2005）通过农杆菌介导向水稻中转化人类基因CYP1A1来促进农药降解，与对照组相比转基因水稻显示正常的形态和生理。尽管转基因植物确实可以提高降解阿特拉津的能力，但是该技术可能会带来转基因植物的抗性进化等问题，仍未得到大面积的推广。

7.2.2.4　藻类降解阿特拉津

近年来，藻类富集降解阿特拉津的研究不断增多，但其降解机理仍不明确。藻类作为水生态系统的主要初级生产者，具有繁殖快、比表面积大、易培养等优点（廖翀等，2013），同时也具有特殊胞外组分及细胞形态，对农药具有很高的富集能力（吴颖慧等，2007）。研究表明，很多藻类能够富集阿特拉津，使其变为无毒化合物，有研究发现衣绿藻属能够降解阿特拉津，纤维藻和月芽藻能使阿特拉津去烃基（万年升等，2006）。徐小花等（2008）认为阿特拉津在质量浓度为0.001mg/L时可促进四尾栅藻和铜绿微囊藻的生长，原因可能是阿特拉津作为碳源和氮源被藻类利用，从而达到去除阿特拉津的效果。Shubert 等（1984）认为藻类富集农药是毒物物理转移的重要途径之一，即其可在高浓度水平下通过食物链来转移毒物。尽管藻类可以富集阿特拉津，但其只能在低浓度条件下发挥作用，达到毒性浓度时农药会对藻类产生毒害作用。

目前，阿特拉津在全球已被广泛使用，且涉及的范围和地域仍在扩大，由此对人类的身体健康造成的危害以及生态环境污染问题逐渐被重视。同时，利用生物降解的方式对土壤和水体中残留的阿特拉津进行处理具有高效、不会造成二次污染等优点。随着生物技术的发展，可以利用基因工程和蛋白质工程技术对能够降解阿特拉津的植物或微生物进行改造，使其降解阿特拉津的能力显著提高。在现实自然环境中，本来存在的自然微生物群落对于污染物的降解作用仍是不能忽视的内容，当自然微生物群落和生物技术共同作用于污染物时所产生的共降解现象是有研究价值和实验意义的。然而现阶段对于阿特拉津的微生物降解研究分析还未成熟，目前只是在纯培养的实验条件下对其降解污染物的能力进行研究，因此怎样将在实验室研究出的高效菌广泛应用于生产实践中将是接下来要解决的重要课题。

7.3 希瓦氏菌的分离与鉴定

将土柱（山西省山阴县大营村地下水井挖掘过程中 21m 处的土柱）置于 30℃手套箱（Coy Laboratory DG250）中厌氧处理 1 周，取土柱中心的土样置于无菌水中，采用稀释涂布法对菌株进行富集培养 1 周，然后采用富集培养基进一步驯化培养，每周更换新鲜培养液，连续培养 4 周即获得实验用的菌株。

富集培养基：K_2HPO_4 0.5g/L，$(NH_4)_2SO_4$ 2.5g/L，$NaHCO_3$ 0.5g/L，$CaCl_2$ 0.2g/L，$MgSO_4$ 1g/L，$C_3H_5NaO_3$ 20mL/L，$C_6H_8O_6$ 0.1g/L，L-半胱氨酸盐酸盐 0.5g/L，酵母膏 1.5g/L，$(NH_4)_2Fe(SO_4)_2$ 0.5g/L，蒸馏水 500mL；调节 pH 值为 7.2。

菌株形态及生理生化特性分析参考第 6 章，菌株由北京美吉生物公司进行 16S rDNA 测序测定，使用 DNA 提取试剂盒（中国生工生物技术）提取总 DNA。利用细菌通用引物从总 DNA 中扩增 16S rRNA 基因。引物使用细菌通用引物：

上游引物：5′-TACGGYTACCTTGTTACGACTT-3′；

下游引物：5′-AGAGTTTGATCCTGGCTCAG-3′。

PCR循环参数如下：95℃预热5min，95℃变性1min，54℃退火1min，72℃延伸2min，最后72℃延伸10min，30个循环扩增后，将菌株的PCR产物进行纯化并测序，16S rDNA测序由北京美吉生物公司完成。根据测序结果使用NCBI数据库进行相似性搜索和同源性比对，获得相似性较高的相关菌株，最后用Mega 6.0中NJ、ML、MP三种方法构建系统发育树。

采用高效液相色谱法（HPLC）检测阿特拉津的去除量，高效液相色谱仪为美国安捷伦公司的1260 Infinity Ⅱ，样品溶液经0.45μm滤膜过滤。色谱柱为Inertsil ODS-3，5μm，4.6×250mm，柱温为40℃；流动相为甲醇：水=7：3；流速为0.8mL/min；紫外检测波长为225nm；样量为10μL（Roh，et al，2008）。

7.4 菌株生长曲线的测定

在单人单面无菌操作台上，吸取适量原始菌液加入到已灭菌的富集培养基中于30℃、150r/min振荡培养3d，作为种子液。在90mL的LB培养基中加入10mL的种子液，使得菌量为10%，在35℃条件下以150r/min的转速遮光振荡培养，间隔一定时间取样，同时测定OD_{600}、氧化还原电位和pH值，绘制菌株的生长曲线及pH值在此过程中的变化。由图7-2可知，

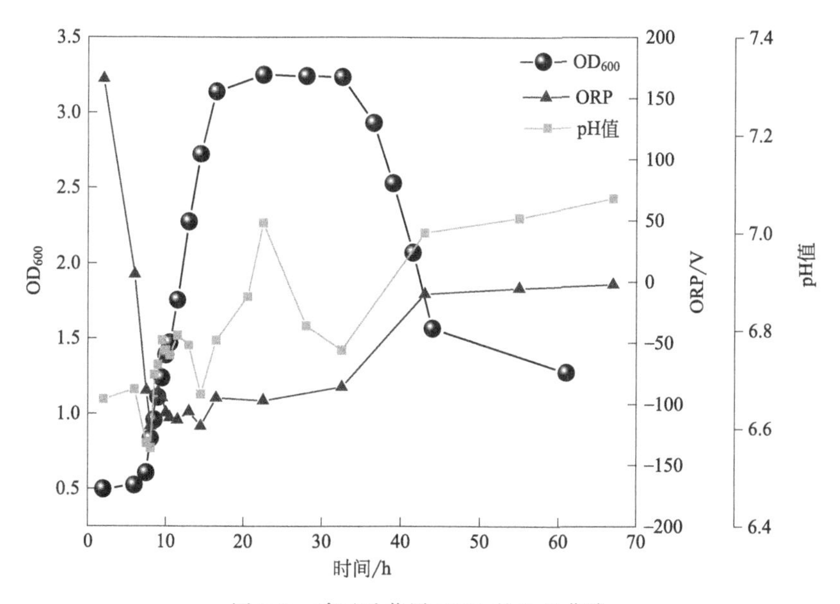

图7-2　希瓦氏菌属JN01的生长曲线

菌株在前8h处于迟滞期，生长缓慢，对于环境需要一个适应的过程。从8～18h开始，菌株处于指数期，在此期间菌株以恒定的几何级数增长，并有足够的碳源和能量。当到18h时，菌生长量达到最大值，18～32h处于稳定期，菌量变化不大，营养物质减少。32h以后属于衰退期，此期间菌量减少，菌活跃度降低。

在整个菌种生长过程中，pH值相对较为平稳，变化不大。随着菌量的变化，氧化还原电位也在发生相应的变化，在0～8h期间氧化还原电位迅速下降，培养环境由氧化状态转为还原状态，当电位值下降到－100V左右时菌量开始大量增加，当菌处于对数生长期和稳定期时氧化还原电位相对较平稳，而当菌在衰退期时氧化还原电位开始上升，并逐渐上升至0。ORP的下降基本与菌体的生长过程耦合，而在菌体生长停滞之后ORP开始出现回升，可能是由于碳源不足导致菌体停止增长。

7.5 环境条件变化对 *Shewanella* sp. JN01 生长的影响

由图7-3可知，适宜菌株生长的温度为25～45℃，菌株的OD_{600}值最大可达1.649。温度过高或过低均会造成菌量下降，温度过低（＜20℃）会影响菌株细胞膜的流动性和生物大分子活性，温度过高（＞45℃）会引起菌株生化功能丧失，从而导致细胞破裂、胞液泄漏及细菌死亡，菌量下降。

菌株生长的最适pH值为8，pH值较低或较高都会影响细胞膜和细胞壁的酶活性，从而抑制微生物的生长。

菌株可承受的最大NaCl浓度为3%，在1%～3%范围内菌株受抑制较为明显，在0～1%范围内适宜菌株生长。研究表明，高浓度离子可导致细胞质中的离子浓度增加，膜系统被破坏，从而造成菌株存活率降低，菌量下降。

由图7-3可知，菌株对阿特拉津的最大承受浓度为20mg/L，最佳去除浓度为2mg/L。在LB1中的降解效果明显高于LB2，其中在LB1中的降解率分别为36.5%、44.91%、48.73%、52.86%、38.5%、24.84%、15.09%、10.09%，比LB2中的降解率提高6.24%、6.5%、8.06%、6.36%、8.38%、8.1%、4.59%、1.71%。许多阿特拉津降解菌以阿特拉津为碳源进行生长并将它降解，外加碳源会抑制菌株对阿特拉津的降解。有研究表明以阿特拉津作为菌体生长的碳源和能源的菌体，有可能在菌体生长的稳定期分泌一些酶系来分解阿特拉津。两者都在阿特拉津浓度为2mg/L时降解率最高，其中在LB1中降解率最高可达52.86%。

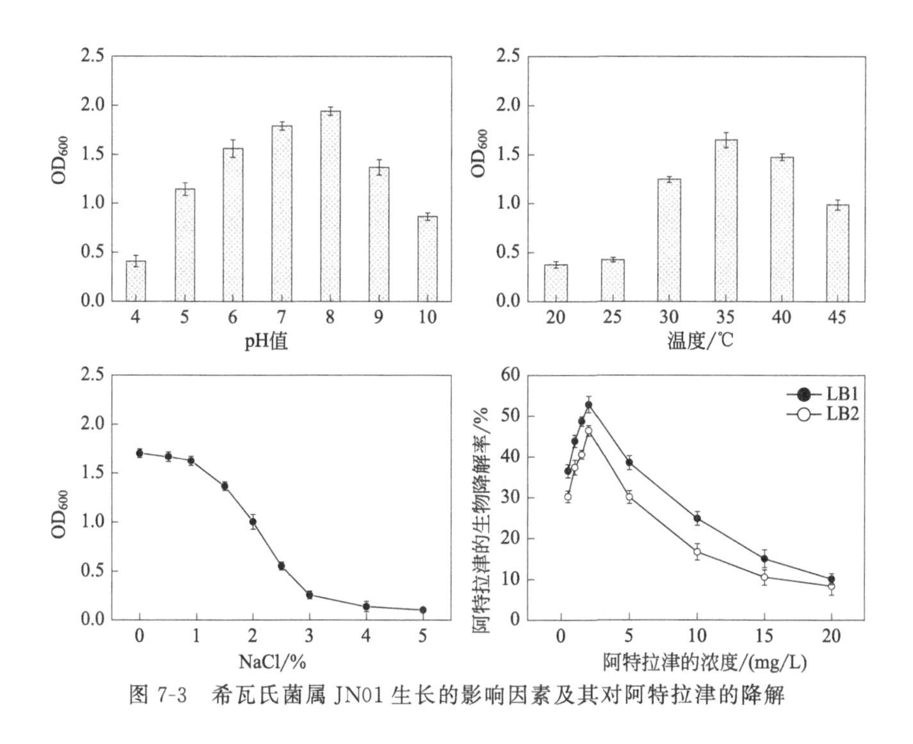

图7-3　希瓦氏菌属JN01生长的影响因素及其对阿特拉津的降解

研究表明，微生物对阿特拉津的反应是多种多样的，阿特拉津对微生物有刺激生长和抑制生长的作用（Ros，et al，2006；刘限，2018）。不同浓度的阿特拉津对微生物活性的影响不同：在低浓度条件下阿特拉津会刺激微生物的生长；而当浓度增加至一定程度后，微生物的生长会受限，阿特拉津的降解效率降低（辛蕴甜，2013）。赵昕悦等（2018）研究了 *Pseudomonas* sp. ZXY-1 对阿特拉津的降解效果，结果表明阿特拉津的初始浓度越高，菌株生长受到的抑制效果越明显，且与 Haldane 生长抑制模型一致，同时阿特拉津的降解率也受到了不同程度的影响。刘丹丹等（2016）发现阿特拉津虽然可以为降解菌株提供氮源，但随着阿特拉津浓度的升高，降解率有下降的趋势，同时对菌体造成了生物毒性。因此，当阿特拉津浓度超过 2mg/L 时，菌株生长受到抑制，阿特拉津去除率降低。

7.6 响应曲面优化及模型建立

7.6.1 响应曲面法实验设计

采用 Design-Expert 8.0.6 Trial 软件里的 Box-Behnken Design 模型，

以 2mg/L 阿特拉津浓度为基本条件，以温度、pH 值和菌接种量为影响因素，分别用 A、B、C 来表示，每个自变量的低、中、高实验水平分别以 −1、0、1 进行编码（见表 7-4），进行阿特拉津降解实验条件的优化设计。

表 7-4 实验因素水平和编码

影响因素	编码	步长	水平		
			−1	0	1
温度/℃	A	10	25	35	45
pH 值	B	2	5	7	9
接种量/%	C	5	5	10	15

实验结果用二次多项式回归拟合，用微分计算预测最佳值。由统计软件 SASS 对数据进行回归拟合，并对拟合方程进行显著性检验及方差分析。

7.6.2 实验结果及最优条件

本实验以阿特拉津降解率（Y）为响应值，根据 Box-Behnken Design 模型设计的方案进行实验，实验方案及结果如表 7-5 所列。由表 7-5 可知，在不同的实验条件下阿特拉津的降解率也各不相同。其中，阿特拉津去除率的范围为 28.62%～85.64%，表明菌株对阿特拉津的去除效果显著。

表 7-5 Box-Behnken Design 模型实验的设计方案及结果

序号	A	B	C	温度/℃	pH 值	接种量/%	降解率/%
1	1	0	1	45	7	15	34.02
2	0	−1	−1	35	5	5	48.53
3	1	0	−1	45	7	5	39.46
4	−1	0	−1	25	7	5	58.35
5	0	−1	1	35	5	15	42.13
6	−1	−1	0	25	5	10	36.31
7	1	−1	0	45	5	10	28.62
8	1	1	0	45	9	10	35.21
9	0	0	0	35	7	10	85.06
10	0	0	0	35	7	10	83.11
11	−1	0	1	25	7	15	49.37
12	0	0	0	35	7	10	85.64
13	0	0	0	35	7	10	84.23

续表

序号	A	B	C	温度/℃	pH 值	接种量/%	降解率/%
14	0	0	0	35	7	10	84.99
15	−1	1	0	25	9	10	60.16
16	0	1	−1	35	9	5	61.29
17	0	1	1	35	9	15	63.01

采用 Design-Expert 8.0.6 软件回归方程预测出的 10 组最优条件如表 7-6 所列。由表 7-6 可知，最优条件为：培养温度为 32.78℃、初始 pH 值为 7.63 和菌接种量为 10.09%，在此条件下阿特拉津的降解率最高，最高降解率可达 86.15%。

表 7-6　Design-Expert 8.0.6 预测的最优条件

序号	A	B	C	阿特拉津降解率	OD_{600}	有利条件	
1	32.78	7.63	10.09	86.1546	2.74304	1.000	选择
2	32.59	7.66	10.18	86.0248	2.73779	1.000	
3	33.89	7.52	10.28	86.0412	2.73766	1.000	
4	34.18	7.65	9.90	85.9567	2.74122	1.000	
5	33.82	7.80	9.40	85.7672	2.73885	1.000	
6	33.85	7.48	10.23	86.1056	2.73791	1.000	
7	32.54	7.70	10.05	86.0106	2.73929	1.000	
8	32.78	7.74	10.07	85.9741	2.74218	1.000	
9	33.45	7.48	9.08	86.2509	2.73916	1.000	
10	33.43	7.42	10.13	86.2328	2.73815	1.000	

7.6.3　模型建立与显著性检验

对表 7-6 数据进行回归分析得回归模型，ATR（阿特拉津）降解率的二次多项回归方程为：

$$Y=84.61-8.36A+8.01B-2.39C-4.31AB+0.89AC+2.03BC-26.49A^2-18.05B^2-12.982C^2$$

式中　　Y——ATR 降解率；

A，B，C——温度、pH 值和菌接种量。

方差分析以及显著性检验结果如表 7-7 所列，模型 F 值为 304.41（$P<0.0001$），表明回归模型极显著。阿特拉津降解率的回归方程失拟项 P 值为

0.0838（>0.05），无明显差异，表明该模型拟合度良好，模型建立合理。方差结果分析显示温度、pH 值、菌接种量均对阿特拉津降解率有较大的影响，P 值越小，影响越大。在条件范围内，影响降解率的主要因素是温度和 pH 值，其次是接种量。其中，温度和 pH 值为极其显著，而菌接种量对降解率的影响率高度显著，二次项 A^2、B^2、C^2 均表现为极其显著，而 pH 值和菌接种量的交互作用均表现为不显著。

表 7-7　二阶回归模型的方差分析及显著性检验结果

方差来源	平方和	自由度	均方	F 值	P 值	显著性
模型	6752.51	9	750.28	304.41	<0.0001	***
A	559.12	1	559.12	226.85	<0.0001	***
B	513.28	1	513.28	208.25	<0.0001	***
C	45.60	1	45.60	18.50	0.0036	**
AB	74.48	1	74.48	30.22	0.0009	***
AC	3.13	1	3.13	1.27	0.2967	不显著
BC	16.48	1	16.48	6.69	0.0362	*
A^2	2953.83	1	2953.83	1198.44	<0.0001	***
B^2	1371.27	1	1371.27	556.36	<0.0001	***
C^2	692.17	1	692.17	280.83	<0.0001	***
残差	17.25	7	2.46	—	—	
失拟项	13.46	3	4.49	4.73	0.0838	不显著
纯误差	3.79	4	0.95	—	—	
合计	6768.76	16	—	—	—	

注：$P<0.001$ 表示为***，极其显著；$P<0.01$ 表示为**，高度显著；$P<0.05$ 表示为*，显著。

阿特拉津降解率的回归模型 $R^2=0.9975$，Adj$R^2=0.9942$（趋近于 1），$CV=2.72\%$，表明预测值和实际值的相关性较高，实验误差较小。CV 表示模型的精确度，本实验中的 $CV=2.72\%$（<10%），说明所建立的模型精确度高，实验可信。

响应曲面图显示了影响希瓦氏菌（*Shewanella* sp. JN01）降解阿特拉津效果的各因素及其交互作用（图 7-4）。在响应曲面分析中，倾斜度越高，坡度越陡，交互作用越显著。同时，通过等高线图也可以观察出各因素之间的相互作用，等高线图越接近椭圆，表示两因素之间的交互作用越强；等高线图越接近圆形，则表示两因素之间的交互作用越弱。

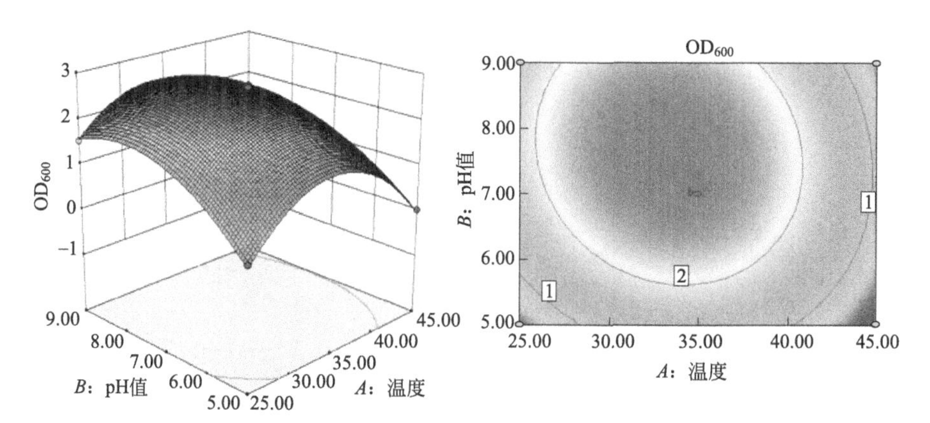

(a) 温度和pH值

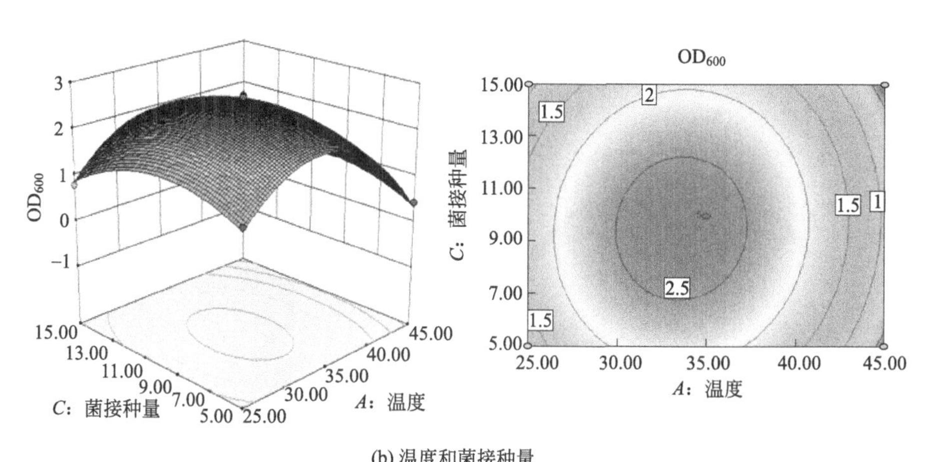

(b) 温度和菌接种量

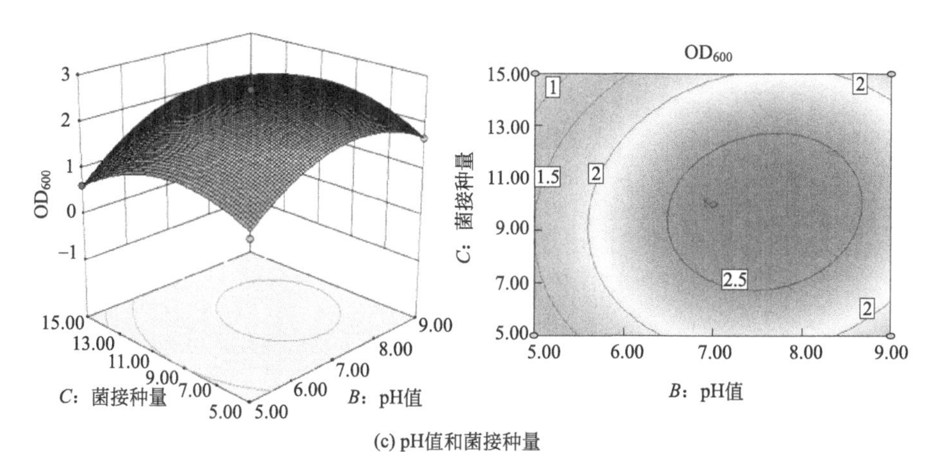

(c) pH值和菌接种量

图 7-4　OD_{600} 三维曲线和等高线图

从图 7-5 可看出响应曲面 3D 图都呈先上升后下降趋势，表明 A、B、C 三个因素对阿特拉津降解率相互之间的交互作用呈先上升后下降趋势。温度

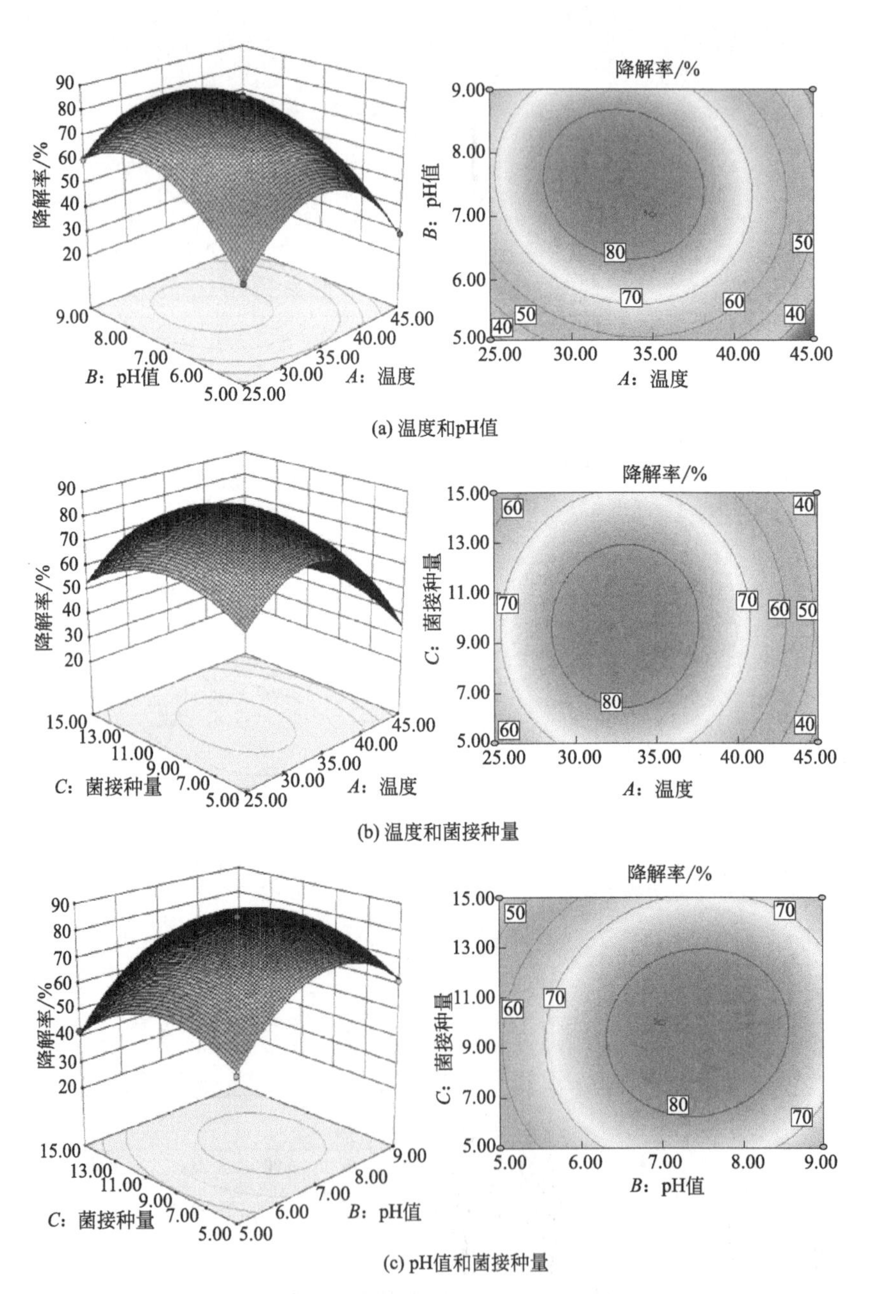

图 7-5 阿特拉津降解率三维曲线和等高线图

和 pH 值对希瓦氏菌去除阿特拉津产生极显著的影响，从图 7-5(b) 中可以看出菌接种量相比培养温度来说，对阿特拉津降解的影响明显低于培养温度对其的影响。培养温度和 pH 值、pH 值和菌接种量有交互作用且对阿特拉津降解率的影响显著性好［$P(AB)=0.0009<0.05$，$P(BC)=0.0362<0.05$］，培养温度和菌接种量的交互作用对阿特拉津降解率的影响并不明显。

硫酸盐还原菌最适的生存温度范围为 30～40℃，在 30～35℃的条件下微生物的活性和生长率最高，降解率最高。当温度超过 40℃时，微生物丧失本身的生物活性，阿特拉津的降解也会受到相当大的抑制。大多数降解菌在 pH 值为 6.0 和 8.0 时都能够降解农药等持久性有机物。当 pH 值增大到 8.0 时，S^{2-} 主要以 HS^- 的形式存在，H^+ 的增多会导致产生更多的 H_2S，抑制硫酸盐还原菌的生长代谢。蒲佳洪等（2020）研究了 5%、10%和 15%接种量对混合硫酸盐还原菌生长的影响，结果表明 10%和 15%的接种量可使混合菌的数量在 48h 达到最大值，且两者的最大菌量几乎一样，因此选择 10%作为最佳接种量。

在培养温度为 32.78℃、初始 pH 值为 7.63 和菌接种量为 10.09%的条件下，阿特拉津的去除率最高，可达 86.15%。为验证模型预测的准确性及其响应曲面优化的最佳条件对阿特拉津的去除效果，用模型预估的最优条件做 3 次重复试验。实验结果分别为 86.23%、85.94%、86.13%，平均值为 86.1%。所得结果与模型预测值接近，且标准方差小于 5%，说明采用响应曲面法得到的最佳条件是准确可靠的。

此外，培养温度和 pH 值、培养温度和菌接种量、pH 值和菌接种量的响应曲面图均为开口向下的凸形曲面，表明实验结果存在极大值。表 7-6 为 Design-Expert 8.0.6 软件使用回归方程预测出的 10 组最优条件。由表 7-6 可知，最优条件为：培养温度为 32.78℃、初始 pH 值为 7.63 和菌接种量为 10.09%，在此条件下 OD_{600} 和阿特拉津的去除率最高，OD_{600} 可达 2.743，阿特拉津去除率可达 86.15%。

pH 值、COD/SO_4^{2-} 值在菌株去除阿特拉津的过程中具有重要的意义，表 7-8 为 17 组测试组在去除阿特拉津过程中的变化。由表 7-8 可知，当初始 pH 值大于 8 时，随着菌株的生长，pH 值出现下降的趋势，主要是因为菌株大量生长产生了 H_2S，使得 pH 值下降；而当初始 pH 值为 5 时，培养液中 pH 值上升至 5.5 左右，表明菌株生长缓慢且代谢不旺盛；当初始 pH 值为 7 时，pH 值上升至 8 左右。本研究中的结果均与段黎等研究的初始 pH 值对硫酸盐还原菌的影响中的 pH 值变化趋势相同（段黎等，2016）。

COD/SO_4^{2-} 值是硫酸盐还原菌生长的一个重要条件，有研究表明当 $COD/SO_4^{2-}<3$ 时，废水中的碳源不足，SO_4^{2-} 无法完全被 SRB 还原；而当 $COD/SO_4^{2-}>3$ 时，SRB 则有足够的碳源生长，且初始 COD/SO_4^{2-} 值越大，SRB 的活性越强，越有利于 SRB 的生长代谢；SO_4^{2-} 的还原速率越高，有机物也降解得越快，pH 值上升速率也越快（李想等，2017）。由表 7-8 可知，17 组测试组的 COD/SO_4^{2-} 值均大于 3，可以达到 SRB 的生长条件，随着 SRB 的生长代谢 COD/SO_4^{2-} 值均在下降，且不同的生长状况会导致 COD/SO_4^{2-} 值不同。

表 7-8　pH 值、COD/SO_4^{2-} 在去除阿特拉津过程中的变化

组号	OD_{600}	$pH_{初始}$	pH	$pH_{差值}$	COD/SO_4^{2-} 初始	COD/SO_4^{2-} 值	COD/SO_4^{2-} 差值
1	0.215	7.00	7.56	0.56	4.4972	2.9371	0.5601
2	0.973	5.00	5.54	0.54	4.4988	1.7296	1.7692
3	0.438	7.00	7.55	0.55	4.6871	2.5748	1.1123
4	1.312	7.00	7.88	0.88	4.9459	1.5444	2.4015
5	0.637	5.00	5.79	0.79	4.7447	2.3471	1.3976
6	0.345	5.00	5.74	0.74	4.7854	2.6872	1.0982
7	0.021	5.00	5.46	0.46	4.5462	4.0979	0.4483
8	0.339	9.00	8.57	−0.43	4.6832	2.8973	0.7859
9	2.616	7.00	7.11	0.11	4.6534	1.1523	2.5011
10	2.594	7.00	7.25	0.25	4.7934	1.0732	2.7202
11	0.802	7.00	7.43	0.43	4.5459	1.9757	1.5702
12	2.607	7.00	7.19	0.19	4.7307	1.0983	2.6324
13	2.703	7.00	7.21	0.21	4.5521	1.2341	2.318
14	2.599	7.00	7.16	0.16	4.6532	1.1354	2.5178
15	1.532	9.00	8.15	−0.85	4.6872	1.4231	2.2641
16	1.679	9.00	8.48	−0.52	4.8123	1.3423	2.47
17	1.909	9.00	8.07	−0.93	4.9934	1.5423	2.4511

通过上述实验过程，可以得到以下结论：

用 Box-Behnken Design 模型进行阿特拉津降解实验条件的优化设计，设置培养温度、pH 值和菌接种量以研究其对阿特拉津去除率的影响，对其所得拟合的二次多项方程为：

$$Y=84.61-8.36A+8.01B-2.39C-4.31AB+0.89AC+2.03BC-26.49A^2-18.05B^2-12.982C^2$$

在所选条件范围内，影响降解率的主要因素是温度和 pH 值，其次是菌接种量。pH 值和温度、pH 值和菌接种量的交互作用对阿特拉津降解影响显著，温度和菌接种量交互作用对阿特拉津降解影响不显著。

通过单因素实验与响应曲面分析法得到希瓦氏菌（*Shewanella* sp. JN01）降解阿特拉津的最佳反应条件为培养温度 32.78℃、初始 pH 值 7.63 和菌接种量 10.09%，在此条件下模型预测的理论值为 86.15%，实测值为 86.1%，与模型高度拟合。该方法可用于优化阿特拉津降解的工艺参数，准确可靠。

7.7 硫酸盐还原菌去除阿特拉津的特性及机理

SRB 具有生物脱氯的能力，在有机氯的降解中有重要作用。本节以阿特拉津为研究对象，采用 Box-Behnken Design 作为响应面的实验设计，以温度、pH 值和菌接种量为影响因素，阿特拉津降解率（Y_1）和 OD_{600}（Y_2）为响应值，研究环境因素对 *Shewanella* sp. JN01 降解阿特拉津效果的影响，并确定最佳反应条件。采用 PCR 技术检测阿特拉津降解基因的表达，探讨菌株处理阿特拉津的作用机理。

7.7.1 实验材料

7.7.1.1 实验仪器与设备

实验相关仪器设备如表 7-9 所列。

表 7-9 实验仪器

仪器名称	型号
安捷伦液相色谱仪	1260Infinity Ⅱ
厌氧手套箱	DG250
手提式压力蒸汽灭菌锅	YXQ SG41 280 A
单人单面水平净化工作台	SW-CJ-1G
数显振荡培养箱	HZQ-X100
高速离心机	CF16RXⅡ
电子分析天平	CP A225D
电热鼓风干燥箱	GZX-9070MBE
恒温水浴锅	DK-S26
PCR 扩增仪	JL-PZY96BT
电泳仪	DYCP-31DN

7.7.1.2 实验试剂

阿特拉津、甲醇（色谱纯）、碳酸氢钠、氯化钙、乳酸钠、维生素 C、L-半胱氨酸盐酸盐、NaOH（分析纯）、HCl（分析纯）、二氯甲烷（色谱纯）、氯化钠、无水硫酸钠。

7.7.2 实验方法

7.7.2.1 液相色谱检测条件

色谱柱为 Inertsil ODS-3，5μm，4.6×250mm，柱温为 40℃，流动相是甲醇和水（比例为 7∶3），流速为 0.8mL/min，紫外检测波长为 225nm，进样量为 10μL。

7.7.2.2 阿特拉津标准曲线的制作

基于 500mg/L 的阿特拉津储备液，先取 2.5mL 的阿特拉津储备液，用甲醇稀释，配制成 50mg/L 的溶液，然后依次配制浓度为 30mg/L、20mg/L、10mg/L、5mg/L、2mg/L 的阿特拉津标样。

7.7.2.3 样品中阿特拉津提取

取 5mL 样品，通过 0.45μm 水系滤膜过滤到 250mL 分液漏斗中，加入 2g 氯化钠并充分摇匀，再加入 5mL 二氯甲烷溶液进行萃取，振荡 5min 后静置，等出现分层现象后将下层的有机相转接至 250mL 的分液漏斗中。在第一个分液漏斗中再次加入 5mL 的二氯甲烷溶液进行二次萃取，目的为保证样品中的阿特拉津尽可能地都溶入到有机相中。最后在第二个分液漏斗中加入 2g 的无水硫酸钠，目的为脱去有机相中少量的水。取第二个分液漏斗中的液体放入旋转蒸发仪上的接收瓶中，用旋转蒸发仪蒸发溶液中的二氯甲烷。最后用甲醇定容至 1mL，超声振荡 30min，过 0.45μm 滤膜，放入 4℃冰箱中，待测。

7.7.2.4 阿特拉津回收率和变异系数的测定

基于 500mg/L 的阿特拉津储备液，先取 2.5mL 的阿特拉津储备液，用甲醇稀释，配制成 50mg/L 的溶液，然后依次用蒸馏水配制成浓度为 30mg/L、

20mg/L、10mg/L的阿特拉津溶液。配制结束后，先用液相色谱测定溶液中阿特拉津的浓度，再通过上述方法提取溶液中的阿特拉津，最后用甲醇定容至1mL，超声振荡30min，过0.45μm滤膜，放入4℃冰箱中，待测。

7.7.2.5　阿特拉津最佳浓度的测定

以阿特拉津作为菌株生长的唯一碳源，设计两种不同的培养基。

(1) 富集培养基LB1

以阿特拉津和酵母膏为碳源，将富集培养基里的乳酸钠溶液改为不同浓度的阿特拉津溶液。

(2) 富集培养基LB2

直接在富集培养基里加入不同浓度的阿特拉津溶液；调整阿特拉津浓度，保证阿特拉津的初始浓度分别为0.5mg/L、1mg/L、1.5g/L、2mg/L、5mg/L、10mg/L、15mg/L、20mg/L、25mg/L、30mg/L，同时要求菌接种量为10%，于35℃恒温培养箱中培养5d后进行阿特拉津降解率的测定和观察菌株生长情况，确定其可以承受的最大和最佳反应浓度。

7.7.3　实验内容

本实验选取菌株生长的较适pH值、温度、NaCl浓度范围，采用Design-Expert 8.0.6 Trial软件里的Box-Behnken Design模型进行阿特拉津降解实验条件的优化设计。以2mg/L ATR浓度为基本条件，温度（25～45℃)、pH值（5～9）和菌接种量（5%～15%）为影响因素（表7-10），分别用A、B、C来表示，−1、0、1分别表示各因素水平的编码值，其中−1为水平的较低值，0为中间值，1为较高值，以阿特拉津降解率和OD_{600}为响应值。实验共进行17次，其中零点实验重复进行5次，用来估算实验误差。同时测定实验初始pH值、降解5d后pH值的变化，以及初始COD/SO_4^{2-}和降解5d后COD/SO_4^{2-}的变化。

表7-10　实验自变量影响因素及其水平

影响因素	编码	步长	各因素水平编码值		
			−1	0	1
温度/℃	A	10	25	35	45
pH值	B	2	5	7	9
菌接种量/%	C	5	5	10	15

7.7.4 实验结果与讨论

7.7.4.1 菌株降解基因的测定

以提取的DNA溶液作为DNA模板来进行降解基因PCR的扩增。PCR的具体反应体系为：DNA模板0.5μL，上游引物0.5μL，下游引物0.5μL，dNTPs（10mmol/L）0.5μL，10×Taq Buffer（含Mg^{2+}）2.5μL，DNA Taq聚合酶0.5μL，ddH_2O 20μL。

*atz*A、*atz*B、*atz*C、*atz*D、*atz*E、*atz*F、*trz*D和*trz*N共8种降解基因的上下游引物各不相同，具体上下游引物序列如表7-11所列。PCR反应条件：94℃ 5min；94℃ 1min，退火温度和72℃延伸时间分别为53℃ 30s、61～65℃ 45s、50～56℃ 30s、50～62℃ 60s、52～60℃ 60s、48～60℃ 60s、54～64℃ 60s、54～60℃ 60s，共30个循环；72℃ 10min；4℃保存。以表7-11为前提，改变扩增条件，扩增降解基因的PCR片段。结果如图7-6所示，已成功扩增出530bp的*atz*A基因片段，多次改变扩增条件后仍未成功扩增出*atz*B、*atz*C、*atz*E、*atz*F和*trz*D等降解基因的片段，为了确保各降解基因片段的准确性，将扩增条件多次改变，并同时做6组对照组。

表7-11 阿特拉津降解基因的PCR引物和大小片段

基因	引物名称	序列(5′→3′)	大小/bp
*atz*A	*atz*A-1	CCA TGT GAA CCA GAT CCT	530
	*atz*A-2	TGA AGC GTC CAC ATT ACC	
*atz*B	*atz*B-1	TCA CCG GGG ATG TCG CGG GC	510
	*atz*B-2	CTC TCC CGC ATG GCA TCG GG	
*atz*C	*atz*C-1	GCT CAC ATG CAG GTA CTC CA	610
	*atz*C-2	GTA CCA TAT CAC CGT TTG CCA	
*atz*D	*atz*D-1	GGA GAC ATC ATA TGT ATC ACA TCG ACG TTT TC	1100
	*atz*D-2	CCA ATA AGC TTA GCG CGG GCA ATG ACT GCA	
*atz*E	*atz*E-1	TAC GCG GTA AAG AAT CTG TT	1000
	*atz*E-2	GGA GAC CGG CTG AGT GAG A	
*atz*F	*atz*F-1	CGA TCG GAA AAA CGA ACC TC	900
	*atz*F-2	CGA TCG CCC CAT CTT CGA AC	

续表

基因	引物名称	序列(5'→3')	大小/bp
*trz*D	*trz*D-1	CCT CGC GTT CAA GGT CTA CT	750
	*trz*D-2	TCG AAG CGA TAA CTG CAT TG	
*trz*N	*trz*N-1	ATG ATC CTG ATC CGC GGA CTG A	1370
	*trz*N-2	CTA CAA GTT CTT GGG AAT GAG TG	

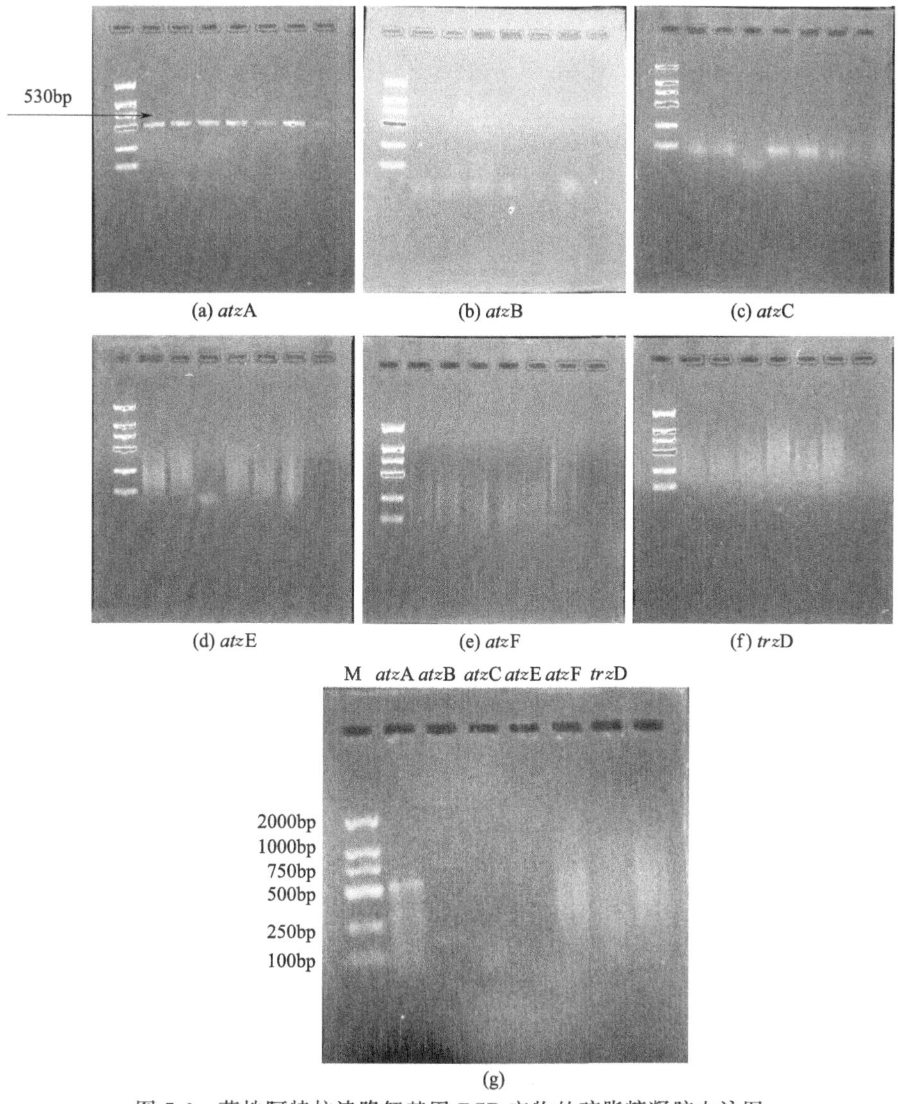

图 7-6　菌株阿特拉津降解基因 PCR 产物的琼脂糖凝胶电泳图

本研究中菌株的降解途径可能如图 7-7 所示，在存在 *atz*A 降解基因的情况下，菌株可将阿特拉津降解为羟基阿特拉津或者脱乙基阿特拉津、脱乙基脱异丙基阿特拉津。由于菌株只含有 *atz*A 基因，因此无法将阿特拉津分解为无毒无害的氰尿酸，只能将阿特拉津代谢为羟基阿特拉津或者脱乙基阿特拉津等。此研究结果和王雲等的研究结果相似，王雲等从污染的土壤中分离到以阿特拉津为唯一碳源和氮源的降解菌群，其中戈登氏菌属 *Gordonia* sp. A5 只含有三嗪水解酶基因 *trz*N，可以有效去除阿特拉津（王雲等，2016）。上述研究表明 *Shewanella* sp. JN01 具有降解阿特拉津的能力。

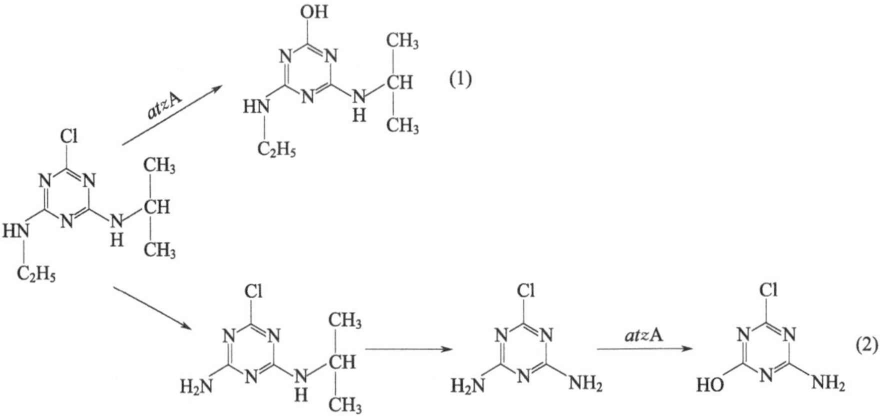

图 7-7　降解菌株降解阿特拉津的途径

7.7.4.2　阿特拉津的标准曲线和液相色谱图

阿特拉津的标准曲线如图 7-8 所示。由图 7-8 可知，阿特拉津浓度与峰面积有较好的线性关系，两者的相关系数为 0.99998，具体的线性回归方程为$y=107.803x+5.4557$。

阿特拉津的液相色谱图如图 7-9 所示。由图 7-9 可知，阿特拉津的出峰时间为 8.9min 且分离效果好。

7.7.4.3　阿特拉津回收率和变异系数结果分析

阿特拉津的回收率以及变异系数分析结果如表 7-12 所列。从表 7-12 中可以看出，上述方法提取溶液中的阿特拉津是可行的，其回收率范围 75.17%～92.35%，变异系数范围为 4.91%～5.98%，可以满足实验的基本要求。

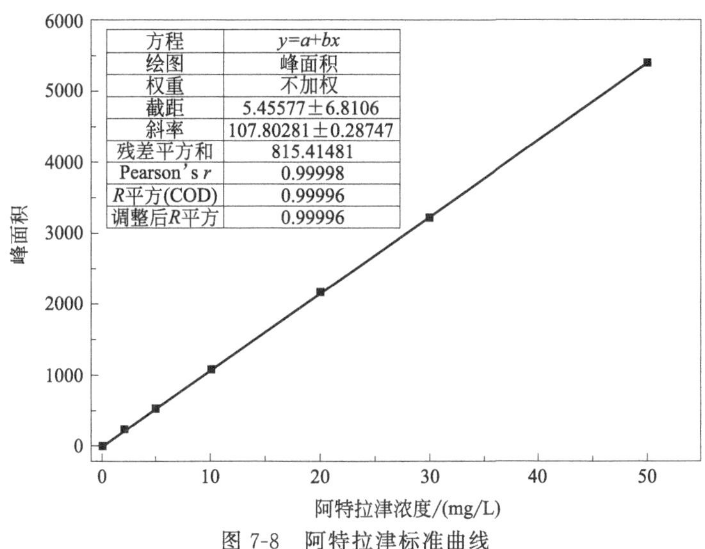

图 7-8 阿特拉津标准曲线

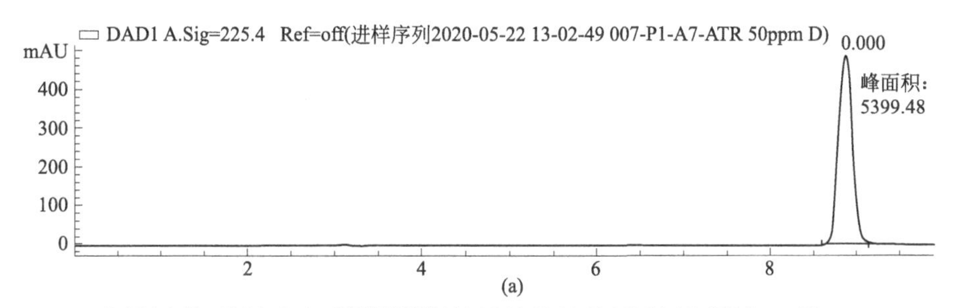

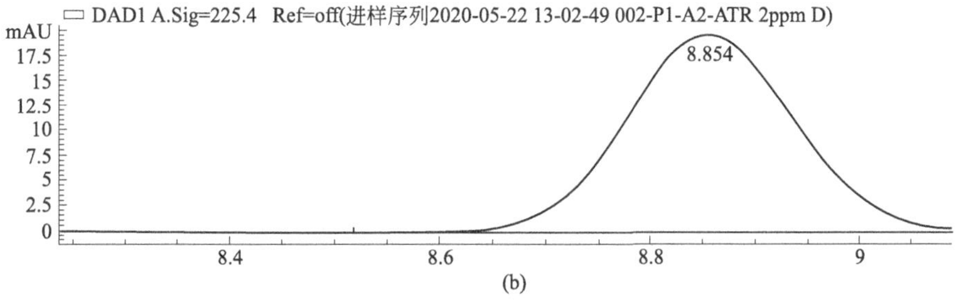

图 7-9 阿特拉津液相色谱图

表 7-12 阿特拉津的回收率及变异系数

理论添加浓度/(mg/L)	回收率/%	变异系数/%
20	90.19	4.91
30	84.58	5.72
50	92.35	5.98

第8章

生物质炭固定化菌剂的制备及其对阿特拉津的去除

生物降解是一种可持续的去除水中及土壤中阿特拉津的方法。目前，研究人员已经发现了众多可以去除阿特拉津的降解菌，然而生物降解技术也存在一些缺陷，如污染物的毒性会导致微生物生长缓慢等，且微生物对环境因素的改变反应较为敏感，同时培养基中养分的缺乏也会限制微生物的生长，这些都会影响生物降解的效率（Wang，et al，2020a）。为解决这些问题，微生物固定化技术是一个有效的处理方法，其具有细胞密度高、重复性好、抗毒性强等优点。载体是微生物固定化技术中的关键因素，可以在微生物的功能中起着至关重要的作用，适宜的载体应该具有对细胞毒性低、机械强度高、化学稳定性好等特点（Chen，et al，2012）。其中，生物质炭具有比表面积大、孔隙率高、官能团丰富等特点，不仅可以为微生物的生长和繁殖提供较好的栖息地，也可以促进微生物生物膜的形成（Xiong，et al，2017）。因此，选择合适的生物质炭制成生物质炭固定化菌剂是其中至关重要的一部分。

8.1　生物质炭固定化菌剂及其应用

国际生物质炭组织（The International Biochar Initiative）于 2007 年对生物质炭的定义进行了规范化，即生物质炭是生物质在限氧的条件下通过热化学转化技术获得的固态材料（续晓云，2015）。依据来源可将生物质炭原料分为木质类、农业类、水生类、人畜废物类和工业废物类五类。热化学转化可进一步分为燃烧、气化和热解（图 8-1）。热解是在惰性或极低氧环境下将生物质热降解为其化学组分的热化学过程（Houben，et al，2013）。

8.1.1　生物质炭及其定义

生物质（草本植物、木本植物等）主要由纤维素、木质素和半纤维素构成，它们通过非共价键彼此交联在一起，形成保护植物的强韧骨架（图 8-2）（彩图见书后），其组成还包括少量有机物及无机物。不同生物质的成分及含量存在差异，热解产生的物质也存在差异（李玉姣，2015）。生物质的热解过程一般会经历 3 个阶段：a. 脱水阶段（室温～100℃），生物质主要失去水分；b. 主要热解阶段（100～380℃），生物质脱水、脱羧和脱氢，并形成羧基、羰基和羟基，该阶段质量损失最多；c. 缓慢炭化阶段（>400℃），该阶段质量损失较少，重化合物发生裂化，生物质的 C—C 键

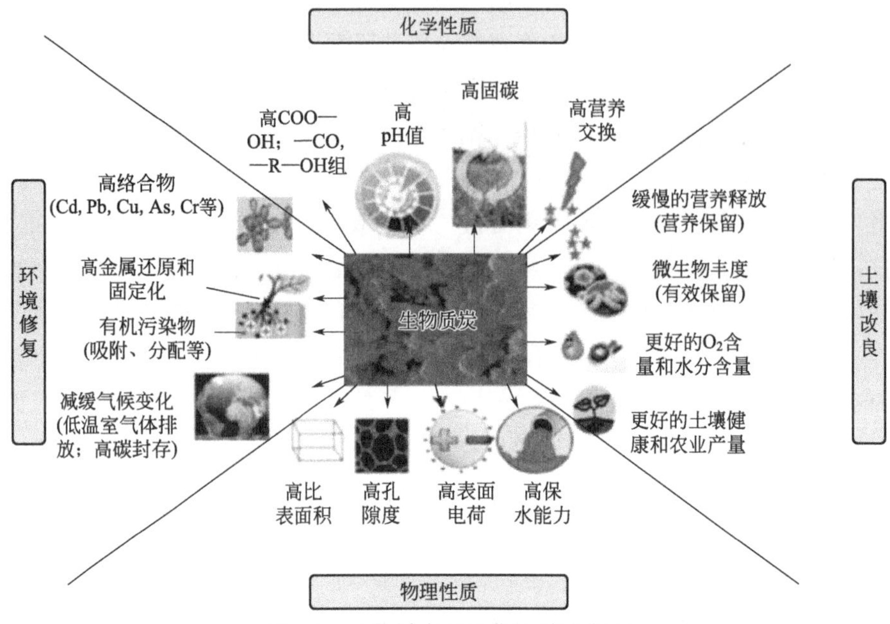

图 8-1　生物质炭的理化性质及应用

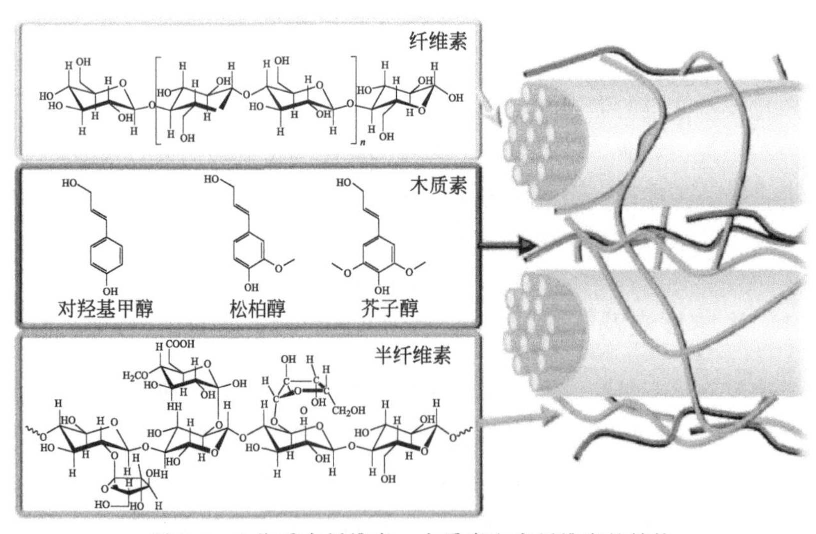

图 8-2　生物质中纤维素、木质素和半纤维素的结构

和 C—H 键进一步裂解并转化为炭，深层挥发物向外层扩散形成 H_2、CH_4、CO 和 CO_2 等气体，一些挥发性生物分子再次缩合成水相，称为生物油。生物质热解前后成分变化见图 8-3。

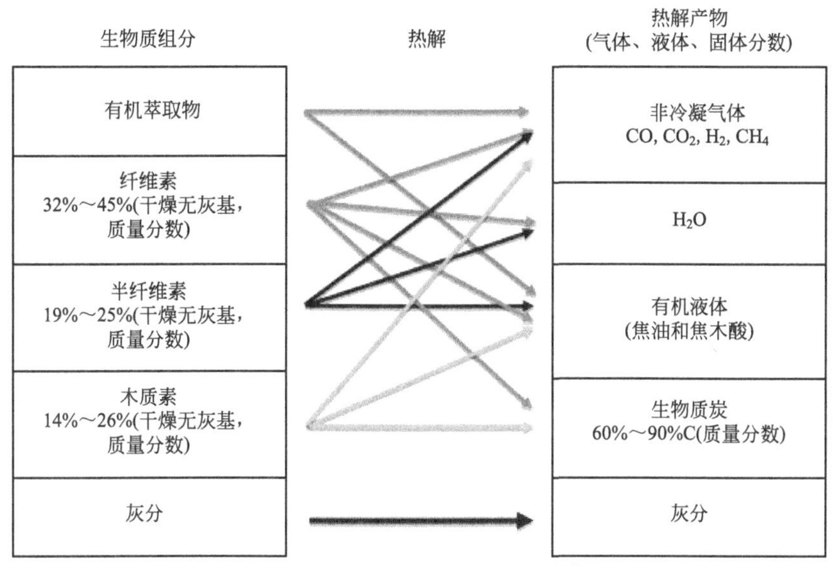

图 8-3　生物质热解前后成分变化

生物质炭主要组成元素为 C、H、O、N 等，其中碳含量高达 60%以上。因其致密的孔隙结构，丰富的表面官能团，大量的表面电荷以及高度的芳香性结构，在治理重金属和有机物污染，改良土壤理化性质，提高作物产量，以及缓解温室效应等方面，都有巨大潜力（Sohi，et al，2010；Jin，et al，2016）。原料来源及热解工艺参数（驻留时间、升温速率、热解温度等）对生物质炭的性质影响很大，对有机物或重金属的修复效果也存在差异（Tripathi，et al，2016；Roberts，et al，2016）。

生物质炭的定义：生物质碳是在无氧条件下将生物质热解得到的性质稳定、不易分解的有机质碳化合物（Verheijen，et al，2010）。

8.1.2　生物质炭的理化性质

(1) 有机和无机组成

生物质炭的成分可以粗略地分为不易分解 C、易分解或易浸出 C、灰分。生物质炭与其他有机质在化学性质上最大的区别在于含有更大比例的芳香 C，特别是融合芳香 C 结构的产生，这与土壤有机质的芳香结构（如木质素）不同（Schmidt and Noack，2000）。生物质炭的这种融合芳香 C 结构具有不同的形式，包括无定形芳香 C 结构（主要存在于较低温度下形成的生物质炭）和乱层芳香 C 结构（主要存在于较高温度下形成的生物质炭）（Keiluweit，et al，2010；Nguyen，et al，2010）。很显然，这些 C 结构的性质是生物质炭稳定性高的主要原因（Nguyen，et al，2010）。但是，究竟是什么机制直接或者间接导致土壤中芳香 C 的稳定性尚不清楚。

对于一个给定的生物质炭，其大部分组分具有化学稳定性，意味着微生物不能轻易地利用这部分 C 作为能源，也不能轻易利用这部分 C 结构中的 N 或者其他营养物。然而，根据生物质炭的类型，在有些生物质炭中的某些部分是容易浸出的，所以是可矿化的，而且研究已经表明在某些情况下生物质炭能够刺激微生物活性和增加其多样性（Lehmann，et al，2011）。目前，这部分常常被称为“易挥发物质”或者“易降解组分”，可以采用孵化研究对其进行定量。然而，用这种定量方法得到的挥发物质的量（在 Zimmerman 2010 年的研究中为 5%～37%的 C）通常远远高于相应的可矿化部分的量（一年可矿化 2%～18%的 C）。这表明挥发物质的量不能完全用来代表可矿化组分，尽管这两者之间具有一定的相关性。所以需要进一步改进获取有生物可利用性组分的方法。

生物质炭第三个主要组分是以灰分形式夹杂在生物质炭中的矿物质。这些矿物质中含有生物所需基本的大分子和小分子营养物质，因此这些矿物质成分在土壤食物网中是有价值的资源。另外，在热解过程中这些矿物质元素的存在在生物质炭的化学结构方面扮演重要的角色，它们可以被合并到芳香结构中或者在较高温度条件下引发有机物-金属元素之间发生反应。用泥炭制备的富含 Fe 的生物质炭，将其用 57Fe Mössbauer 光谱表征，结果表明在热解温度高于 600℃时产生的生物质炭有 Fe_3C 键和小的磁铁群簇形成（Freitas，et al，2002）。

草和许多常见的原料（稻壳、坚果壳、污泥等）中含有大量的无定形硅（＞2%）。29Si NMR 和 X 射线衍射分析结果表明在热解温度高于 1200℃时有碳化硅（SiC）形成（Freitas，et al，2000），这通常需要达到生物质气化的温度。SiC 可能参与芳香域之间或微晶之间的连接（Freitas，et al，2000）。当热解温度在 400～600℃时，热解可以改变生物质硅酸盐的化学结构，随着热解温度升高 SiO_4 含量与 $SiO_{2\sim3}$ 含量的比值逐渐增大（Freitas，et al，2000）。硅酸盐会占据很大一部分的生物质炭孔隙空间（玉米穗轴＞14%，稻壳为 88%）（Bourke，et al，2007；Freitas，et al，2000）。然而，硅酸盐的影响和硅晶体结构的变化对生物质炭的结构和功能的影响尚未开展研究。生物质炭中的 Fe 和 Si 的生物可利用性尚不清楚，但是采用常见的土壤测试中所使用的酸溶液处理生物质炭可以有效提取生物质炭中的部分 Si、Fe、S、P、K、Mg 和 Ca（Bourke，et al，2007；Freitas，et al，2002；Major，et al，2010），表明这些营养物质中的某些部分可能被植物和微生物利用。

（2）表面特性

新鲜的生物质炭表面具有净正电荷或者净负电荷，但是通常基于质量的初始阳离子交换量低于土壤有机质阳离子交换量（Lehmann，2007）。值得注意的是，最初可测得的阴离子交换量随着时间的推移在土壤中消失（Cheng，et al，2008），并且在某些情况下与磷酸盐具有强的相互作用（Beaton，et al，1960）。高灰分含量的生物质产生的生物质炭的阳离子交换量和电荷密度（比表面积标化的阳离子交换量）稍高。另外，升高热解温度会降低阳离子交换量，特别是降低电荷密度，这是因为当热解温度升高到600℃时生物质炭比表面积更大并且挥发物质（其中可能包含具有大量负电荷和阳离子交换量的有机酸）流失。在土壤中，那些在600～700℃温度范围或者低于该热解温度条件下产生的生物质炭似乎可以迅速氧化并且获得更大的阳离子交换量（Cheng，et al，2008；Nguyen，et al，2010），但是最初仍然保留相当大比例的非极性表面（Smernik，2009）。

由于原料性质的差异，从矿物质含量贫乏的木质材料到富含矿物质的粪肥或者作物残体（如稻壳），导致产生的生物质炭 pH 值变化很大，pH 值从低于 4 到高于 12，即使是同一生物质类型可能也会有很大的变化（Lehmann，2007）。通常，灰分含量高的生物质炭具有高的 pH 值。对于所有的原料来说，pH 值随着热解温度的升高而增大。随着时间的推移，生物质炭的 pH 值会发生变化，根据原料的不同或降低或升高（Lehmann，et al，2011）。Nguyen and Lehmann（2009）发现经过一年时间的孵化过程后矿物质贫乏的橡木来源的生物质炭 pH 值从 4.9 降低到 4.7，但是富含矿物质的玉米秸秆的 pH 值从 6.7 升高到 8.1。pH 值降低背后的驱动力是 C 氧化形成酸性的羧基官能团（Cheng，et al，2006），而 pH 值增加很可能与碱性的矿物质增加有关。

（3）物理特性

生物质炭因与土壤之间的物理结构的差别可改变土壤的抗拉强度、流体力学和土壤-生物质炭混合体系的气体运输。这些影响的程度取决于生物质炭的生产条件和原料，它们共同控制着生物质炭颗粒的宏观和微观结构

(Downie, et al, 2009)。这些影响是由于两种截然不同的材料（土壤和生物质炭）的混合还是由于生物质炭在一个细小的空间尺度内对土壤性质具有独特的影响，目前还没有对此方面关注的实验研究。

当生物质炭的抗拉强度弱于土壤（例如富含黏粒的土壤）的抗拉强度时，生物质炭加入这种土壤中能够降低土壤的整体抗拉强度。Chan (2007) 通过实验研究发现生物质炭可降低土壤的抗拉强度，在最初未加入生物质炭的土壤其抗拉强度为64.4kPa，在土壤中以50t/hm^{2}加入生物质炭后土壤的抗拉强度为31kPa，以100t/hm^{2}加入生物质炭后土壤的抗拉强度为18kPa。机械阻抗是决定土壤植物根系伸长率和扩散的主要因素之一（Bengough and Mullins，1990）。因此，减弱土壤的抗拉强度会使根和菌根真菌更有效地利用营养物质，也可以使种子萌发更容易。减弱土壤的抗拉强度也可以使无脊椎动物在土壤中的身体移动更容易，进而可改变捕食者/被捕食者动力学。抗拉强度的减弱有利于根的生长和根摄取营养物质，但是抗拉强度减弱对根部系统的净效应尚不清楚。

生物质炭还可以改变土壤容重（Major，et al，2010），有可能影响土壤水分关系、生根和土壤动物模式。这是因为生物质炭密度低于某些矿物质的密度，并且生物质炭具有可以容纳空气或者水分的大小孔隙，可以大大减小整个生物质炭颗粒的容重。然而，生物质炭或者天然焦炭样品容重方面数据还很少有报道。对生物质炭密度的测定要区别于真正的固体颗粒的密度，生物质炭颗粒的容重需要将其孔隙空间计算在内（Lehmann，et al，2011）。已经报道的生物质炭具有高的密度，不同原料的生物质炭密度在1.5～2.1g/cm^3 (Brewer，et al，2009)，然而生物质炭的容重通常在0.09～0.5g/cm^{3}之间 (Bird，et al，2008；Karaosmanoglu，et al，2000；Özçimen and Karaosmanoglu，2004；Spokas，et al，2009)，生物质炭的容重远远低于土壤的容重。

8.1.3 生物质炭的炭化技术

热解、气化、热液炭化和闪光炭化等技术都可以用于生产炭化有机质 (Meyer，et al，2011)。热解与气化的区别在于热解是在几乎或者完全无氧条件下的转化过程（Bridgwater，2007）。热解技术还可以根据热解原料的反应时间分为慢速热解过程和快速热解过程，根据加热方式则可分为燃料加热热解、电加热热解或者微波加热热解（Meyer，et al，2011）。根据热解温度和保留时间将热解过程进行分类的情况如表8-1所列。

表 8-1　不同热解技术的固体产率、固体碳含量和碳产率

技术类型	处理温度/℃	保留时间	干木质原料的固体产率/%	碳含量/%	碳产率(产物C质量/原料C质量)	参考文献
烘焙	290	10～60min	61～84	51～55	0.67～0.85	Bridgwater,2007; Yan,et al,2009
慢速热解	400	min～days	约 30	95	约 0.58	Bridgwater,2007; Antal,et al,2003
快速热解	500	1s	12～26	74	0.2～0.26	Bridgwater,2007; IEA Bioenergy; DeSisto,et al,2010; Repo,et al,2011
气化	800	10～20 s	约 10	—	—	Bridgwater,2007; Luoga,et al,2000
热液炭化	180～250	1～12h	<66	<70	约 0.88	Libra,et al,2011
闪光炭化	300～600	<30min	37	约 85	约 0.65	Antal,et al,2003

在气化工艺流程中，生物质在气化室内有氧存在或者加压情况下加热到大约 800℃会部分被氧化（Bridgwater，2007；Bridgwater，et al，2002）。顾名思义，这个过程的主要产物是气体，只形成少量的焦炭和液体。

生物质热液炭化技术是通过在加压条件下加热（180～120℃）若干小时使得生物质悬浮在水中来实现的。这个过程会产生固态的、液态的和气态的产物（Funke and Ziegler，2010）。Libra 等（2011）将热液炭化称为“湿法热解”，因为在装有生物质-水悬浮物的反应器中没有氧气。

闪火炭化技术是在加压情况下（1～2MPa）于生物质炭填充床底部闪火点燃。与在这个过程中空气从上而下流动相反，火是穿过炭化床从下而上燃烧。空气是按照每千克生物质 0.8～1.5kg 空气向这个体系中输送。这个过程的保留时间少于 30min，并且反应器的温度在 300～600℃范围。另外，有少量浓缩物的形成。虽然炭化过程输入氧气是气化技术的典型特征，但是闪火炭化技术的处理温度和产物范围（有固体、液体和气体的产出）对于气化工艺来说是罕见的（Meyer，et al，2011）。应该指出的是，气化和快速热解工艺产生的典型固体产物产率显著低于慢速热解、闪火炭化、热液炭化和烘焙工艺产生的典型固体产物产率。

为确保上述技术能够长期运行，有些技术要点需要特别注意。

① 热解工艺：达到并保持高的、受控的加热速率和合适的反应温度；在中等温度时保持低的蒸汽停留时间；在快速热解系统中焦炭的快速移出和液体的有效回收会是一个挑战；Cl 含量高的原料在热解转换过程中释放的

含氯物质会导致密闭反应器的腐蚀和沉积物质的形成（Bridgwater，et al，2002；Jensen，et al，2000）。

② 气化工艺：气溶胶的形成；再聚合导致烟尘的形成；在气相中焦油的脱水和与细小颗粒上的其他污染物相互作用；冷却器表面重焦油组分的冷凝；微粒过滤器的堵塞和内燃机燃料管线/注射器的堵塞；焦油的腐蚀（Buchireddy，et al，2010；Nunes，et al，2008）。

③ 热液炭化工艺：在操作期间不能超过压力罐材料的弹性限度；在连续生产系统中逆压填料对于原料和安全方面都是一个问题；对于热液炭化技术来说从热工艺水进行热回收和设备的后期处理可能是必要的（Funke and Ziegler，2010；Libra，et al，2011）。

④ 闪火炭化工艺：在特定处理条件下点火可以观察到装有原料的炭化容器内压力的突然升高；在操作期间不能超过压力罐材料的弹性限度（Wade，et al，2006）。

8.1.4 生物质炭对有机污染物的吸附

吸附机制可能取决于生物质炭的比表面积、表面官能团、多孔结构、矿物质组分、溶液 pH 值、生产技术和热解温度等。生物质炭对污染物（包括新型污染物，抗生素即属于新型污染物）的吸附机制通常涉及几种机制的综合作用（图 8-4）。生物质炭对新型有机污染物的吸附作用包括化学吸附和物理吸附，如 π-π 电子受体-供体（EDA）相互作用、孔隙填充、氢键、静电作用、范德瓦耳斯力、疏水作用、阳离子交换和阳离子桥接。有机污染物在土壤中的吸附和解吸是研究其环境行为和生物毒性的基础。因此，生物质炭吸附有机污染物的能力可能是影响其迁移和转化的关键因素。

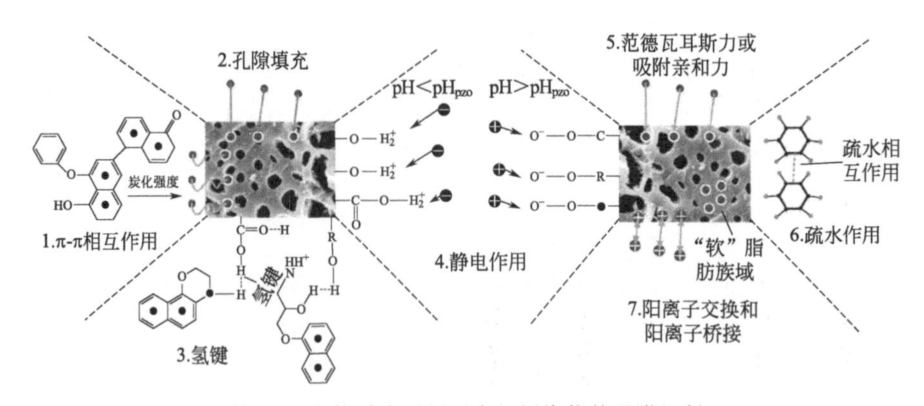

图 8-4 生物质炭对新型有机污染物的吸附机制

关于利用碳质吸附剂降低有机污染物生物有效性方面的最初研究关注的焦点是向沉积物中施加活性炭。例如，实验室的研究已经发现与未加入活性炭的沉积物相比，暴露在活性炭修复沉积物中的蛤蚌、多毛纲类蠕虫和其他底栖生物其体内多氯联苯（PCBs）的生物积累显著降低（McLeod，et al，2007；McLeod，et al，2008；Millward，et al，2005；Zimmerman，et al，2005；Sun & Ghosh，2008b）。这使得活性炭可用于原位修复污染场地，据报道在沉积物中加入活性炭 18 个月后水体中 PCBs 浓度降低了 90%（Cho，et al，2009）。这些结果是令人鼓舞的，因为已经证实有机污染物在水中的平衡浓度可以很好地指示沉积物中有机污染物的生物可利用性（Oen，et al，2006；Van der Heijden & Jonker，2009）。用活性炭修复沉积物后，其他有机污染物如滴滴涕（DDT）和多环芳烃（PAHs）在水中的平衡浓度降低也已经被报道（Tomaszewski，et al，2007；Zimmerman，et al，2004）。

活性炭降低污染物风险的结果令人鼓舞。利用生物质炭修复的研究结果发现其低于 10% 的施用率就可以降低快速解吸的 PAHs 组分（∑PAH，Gomez-Eyles，et al，2011），还可增加有机污染物敌草隆的吸附从而降低其生物有效性（Yang，et al，2006b）。生物质炭作为吸附剂加入土壤中后也可以显著增加对有机污染物（Beesley，et al，2011）（如 PAHs、敌草隆、阿特拉津、乙草胺、特丁津、毒死蜱、卡巴呋喃）的吸附，从而降低它们在生物体内的积累和减少它们的降解。最近的研究还发现生物质炭能够降低磺胺甲噁唑（Yao，et al，2012）和五氯酚（Xu，et al，2012）的迁移性和生物有效性，降低二噁英（PCDD/Fs）（Chai，et al，2012）的生物有效性。但是这在有机污染物的治理方面是存在挑战的，因为吸附只能降低短期风险，而最终可能不会实现很好的修复。

有机污染物在有机质上的吸附通常用双区模型的概念来进行描述（Pignatello & Xing，1995；Xing & Pignatello，1997）。在这个概念中，有机质被认为由两个区域构成：一个是表现为线性的、不存在竞争吸附的分配区域（未炭化的有机质）（Chen，et al，2008；Chun，et al，2004；Zhou，et al，2009）；另一个是表现为非线性的、有竞争吸附的表面吸附区域（炭化的有机质）（Cornelissen，et al，2005）。芳香化合物在未炭化部分的吸附以分配作用为主导，主要发生在低温产生的生物质炭上（Chen & Chen，2009；Chen，et al，2008；Wang & Xing，2007）；在炭化部分上的吸附主要以表面吸附机制为主导，这主要发生在较高温度下产生的生物质炭上，主要机制包括疏水作用机制（Wang & Xing，2007；Wang，et al，2006；Zhu，et al，2005）、孔隙填充机制（Wang & Xing，2007；Chen，et al，2008；Kwon & Pignatello，2005；Wang，et al，2006；Nguyue，et al，2007；Ludger，et al，2007；Chen & Chen，2009）、π-π 电子供体-受体（EDA）相互作用（Chen & Chen，2009；Wang & Xing，2007；Zhu，et al，2005）、位阻效应（Nguyue，et al，2007；Wang，et al，2006；Zhu，et al，2005）等。

这种大量的表面吸附是使含有碳质吸附剂土壤吸附能力增大的主要原因，不过引入生物质炭可以调整未炭化和炭化有机质的比例。热解生物质炭的温度升高，生物质炭的炭化程度增强，这就使得生物质炭的比表面积增大，但脂肪碳会减少（Chen，et al，2008）。研究已经表明这会增大生物质炭吸附有机污染物的能力（Kasozi，et al，2010；Yu，et al，2006；Zhang，et al，2010；Zhou，et al，2009），降低土壤微生物对有机污染物的吸收（Yu，et al，2009）。Chen（2008）测定了不同热解温度下制备的生物质炭比表面积，结果发现 700℃下制备的生物质炭比表面积为活性炭比表面积的 1/2。这表明高温下制备的生物质炭对有机污染具有很大的修复潜能，尽管在某些情况下 400℃以上热解温度下制备的生物质炭比表面积有所减小，这可能是由于微孔壁的破坏造成的（Sharma，et al，2004）。生物质炭对有机污染物的表面吸附是以非线性吸附为主导的，这表明即使生物质炭具有大的比表面积，其表面吸附位点也会达到饱和。活性炭上的吸附位点被有机质堵塞已经被广泛报道（Cornelissen & Gustafsson，2005；Kilduff and Wigton，1998；Rhodes，et al，2010），若干研究已经提出假设，认为这可能是造成老化的生物质炭吸附有机污染物能力降低的原因（Yang & Sheng，2003；Zhang，et al，2010）。

由于污染物之间的竞争吸附作用使得碳质吸附剂的吸附效率降低也已经被报道（Cao，et al，2009；Yang & Sheng，2003）。与活性炭不同，低温下制备的生物质炭是将阿特拉津线性分配到其未被炭化的有机质中（Cao，et al，2009），这表明当修复有机和无机污染土壤时生物质炭具有不发生竞争吸附位点的优点。然而，低温下制备的生物质炭吸附阿特拉津的能力要比活性炭吸附阿特拉津的能力低一个数量级。生物质炭的无定形部分（在某种程度上取决于生物质炭的制备过程）会与土壤有机质竞争那些偏爱于有机质不同组分的化合物，这些化合物或者优先被保留在土壤中或者优先被保留在生物质炭中。表 8-2 给出了生物质炭吸附有机污染物的情况，同时也包括了活性炭吸附有机污染物的情况，用以与生物质炭进行比较。

表 8-2　利用活性炭和生物质碳吸附有机污染物情况总结

吸附剂	污染物	终点	效果	参考文献
活性炭(2%,5%)	PCDD/Fs	蚯蚓生物积累；水相平衡浓度	毒性当量降低 78%～99%；水相浓度降低 70%～99%	Fagervold,et al,2010
粉末活性炭(2%)	PAHs	水相平衡浓度	平均降低 63%～99%	Brändli,et al,2008
粒状活性炭(2%)	PAHs	水相平衡浓度	平均降低 4%～64%	Brändli,et al,2008
硬木生物质炭(450℃),(30%,体积分数)	PAHs	快速解吸组分	解吸量降低>40%	Beesley,et al,2010
活性炭(AC)(0.1%,1%,5%)	菲	微生物矿化	降低量>99%(0.1%)	Rhodes,et al,2010
Pinus radiata 生物质炭(350℃)(0.1%,0.5%施用率)	菲	吸附系数(K_d)	K_d 增大 2～51 倍	Zhang,et al,2010
Pinus radiata 生物质炭(700℃)(0.1%,0.5%施用率)	菲	吸附系数(K_d)	K_d 增大 6～700 倍	Zhang,et al,2010
硬木生物质炭(10%)	PAHs	蚯蚓生物积累；快速解吸组分	积累量降低 45%；解吸量降低>30%	Gomez-Eyles,et al,2011
小麦灰烬(1%)	敌草隆	吸附	吸附量增大 4 倍	Yang & Sheng,2003
小麦生物质炭(0.05%,0.5%,1%)	敌草隆	吸附；微生物降解	吸附量增大 70～80 倍(1%)；降解量降低>10%(0.5%)	Yang,et al,2006b
Eucalyptus spp. 生物质炭(450℃)(0.1%,0.5%,1%,2%,5%)	敌草隆	吸附	吸附能力增大 7～80 倍	Yu,et,al,2006
Eucalyptus spp. 生物质炭(850℃)(0.1%,0.2%,0.5%,0.8%,1%)	敌草隆	吸附	吸附能力增大 5～125 倍	Yu,et al,2006

续表

吸附剂	污染物	终点	效果	参考文献
锯屑生物质炭	乙草胺 阿特拉津	吸附系数(K_d)	乙草胺的 K_d 增大 1.5 倍；对阿特拉津的吸附量也增大，但是增大量无法定量	Spokas, et al, 2009
Eucalyptus spp. 生物质炭	毒死蜱 卡巴呋喃	微生物降解；洋葱的生长和积累	生物降解量降低>40%；洋葱的鲜重增加并且体内的毒死蜱和卡巴呋喃残留量分别减少 10%和 25%	Yu, et al, 2009
木材生物质炭(350℃)	特丁津	吸附	吸附量增大 2.7 倍	Wang, et al, 2010
活性炭	环氧七氯	西洋南瓜的生长和吸收；土壤水中浓度	未影响生长，芽吸收量减少；土壤水中浓度降低	Murana, et al, 2009
Gossypium spp. 生物质炭 (450℃、850℃)(0, 0.1%, 0.5%, 1%)	毒死蜱 氟虫腈	除草剂在杀菌和未杀菌土壤中的半衰期；韭菜的生长和积累	未杀菌土壤中毒死蜱和氟虫腈半衰期分别增加 161%和 129%，杀菌土壤中分别增加 136%和 151%(1%的 850℃生物质炭)；韭菜鲜重增加 0.5%或 1%(850℃生物质炭)，韭菜对毒死蜱和氟虫腈的吸收量在施加 1% 450℃生物炭后分别降低 56%和 20%，在施加 1% 850℃生物质炭后分别降低 81%和 52%	Yang, et al, 2010c
粉末活性炭	狄氏剂	Tenax 法提取(6h)浓度；黄瓜吸收	Tenax 法可提取狄氏剂减少；活性炭与黄瓜对狄氏剂吸收之间没有关系	Hilber, et al, 2009
锯屑生物质炭(700℃)	特丁津	吸附	吸附量增大 63 倍	Wang, et al, 2010

实验室研究发现不同类型的碳质吸附剂可以降低土壤中PCDD/Fs、PAHs和其他有机农药的生物有效性，这已经被证明是另一种可能的缓解这些污染问题的办法。从农业的角度来看，增大土壤对有机农药的吸附有利于降低农药在农作物中的残留（Yu，et al，2009），但是这也会降低这些农药的使用效率，导致这些农药的更高使用率（Kookana，2010；Yu，et al，2006；Spokas，et al，2009）。因此，似乎在有机物的完全固定以去除风险与适当的吸附强度允许某些污染物被微生物降解之间可能存在某个平衡点。根据污染修复的目的和化合物存在的问题，在利用高热解温度下生成的生物质炭增大对污染物吸附能力和利用低热解温度下生成的生物质炭减小毒性及线性分配所带来的益处之间需要折中（Beesley，et al，2011）。毫无疑问，吸附作用是支配污染物在环境中的迁移、转化、生物有效性等行为的重要步骤，因此研究生物质炭对有机污染物的吸附特性和机理对了解生物质炭施入土壤后对有机污染物环境行为的影响具有重要意义。

8.1.5 土壤/沉积物吸附有机污染物研究进展

土壤中矿物质表面如铝硅酸盐与水分子之间强的偶极作用减小矿物HOCs（疏水性有机物）的吸附，而增大土壤和沉积物有机质对HOCs的吸附能力。因此，土壤和沉积物的有机质对HOCs的吸附起到支配作用，只要总有机碳含量＞0.1％（Schwarzenbach and Westall，1981）。在20世纪70年代末和80年代初，研究人员发现土壤和沉积物吸附HOCs[如多环芳烃（PAHs）]的驱动力是疏水作用，包括水相的熵效应和HOCs与土壤/沉积物有机质之间的非特异性作用（Huang，et al，2003）。线性分配模型被用于吸附平衡机制的定量描述（Chiou，et al，1979；Karickhoff，et al，1979）。在这个模型中，吸附被假想为HOCs从水相分配到相对均一的、无定形的、橡胶态的有机质相中。因为这个模型从概念上和数学公式上都很简单，而且可以从有限的信息中预测吸附能力，这个模型已经被广泛应用于环境化学研究中（Schwarzenbach，et al，1993）。然而，后来越来越多的研究发现简单的分配模型在现象上和概念上与许多吸附现象不一致，例如不同的等温线非线性程度和有机碳标化的吸附能力、吸附和解吸的速率很慢、吸附-解吸滞后现象和吸附质之间的竞争都不能在该模型上反映出来（Huang & Weber，1997a；Weber，et al，1992；Xing & Pignatello，1997）。这些经常可以观察到的非分配现象经常对地下水体系中HOCs的归宿和迁移具有显著影响，并且经常用来解释不同地下体系污染修复技术失效的原因（Weber，et al，1991）。

越来越多的证据显示不同的吸附现象主要与有机质的异质性有关(Huang & Weber，1997a；Karapanagioti，et al，2001)。研究显示土壤和沉积物不仅含有橡胶态的腐殖质，而且具有表现为非线性吸附的不同含量的微粒状的干酪根和黑炭（Accardi-Dey & Gschwend，2002；Song，et al，2002)。Weber (1992) 第一次假设了土壤和沉积物具有两种理化性质不同的有机质类型：一种是软炭或者无定形有机质相，如腐殖质；另一种是硬炭或者凝聚态有机质相，如干酪根。HOCs 在软炭有机质相上的吸附几乎是线性分配过程，而在硬炭有机质相上的吸附表现为既有表面吸附又有分配作用。根据这两种有机质相含量的不同，HOCs 在土壤和沉积物上的吸附可以在线性分配作用和强的非线性吸附之间变化（Huang & Weber，1997a)。研究还报道了随着加热的进行腐殖酸从玻璃态向橡胶态的转变，这表明即使通常被认为是分配相的腐殖酸在温度低于玻璃化转变温度时可能也会同时表现为表面吸附作用和分配作用（LeBoeuf & Weber，1997)。直接和间接测定结果显示微粒状的干酪根和黑炭的含量从占土壤和沉积物总有机碳的百分之几到 50%以上（Accardi-Dey & Gschwend，2002；Song，et al，2002)。吸附研究结果表明从若干土壤和沉积物种分离出来的微粒状干酪根和黑炭支配着萘和菲的非线性吸附平衡过程（Xiao，et al，2004)。Accardi-Dey & Gschwend (2002) 在 375℃下燃烧沉积物得到细菌纤维素 (BC)，其对有机污染物的非线性吸附明显比原始沉积物样品对有机污染物非线性吸附大，并把非线性吸附归因于样品中存在的煤灰或者碳颗粒。另外，还有研究发现即使是在 TOC（总有机碳）含量很低的 Borden 含水层沙子中，干酪根也支配着这些沙子对菲和氯苯的非线性吸附（Ran，et al，2003)。

有机质的来源、年龄、风化、成熟度和深度的不同会引起有机质理化性质的差异，因为这些因素会引起 H/C 和 O/C 原子比的变化（Chefez，et al，2000；Song，et al，2002；Stevenson，1994；Xing，2001；Zech，et al，1997)。Kile (1999) 研究发现两种非极性有机化合物四氯化碳和 1,2-二氯苯在沉积物上吸附的 K_{oc} 值约是这两种化合物在土壤上吸附 K_{oc} 值的两倍，这表明土壤在风化、腐蚀变成沉积物的过程中有机质的性质发生了显著变化，可能是因为在这种转变过程中较大部分的极性和可溶性有机质分离出来。另外，许多研究发现有机质对 HOCs 的吸附能力与芳香 C 含量呈正相关(Chin，et al，1997；Johnson，et al，2001；Perminova，et al，1999；Tang & Weber，2006)，富含芳香 C 的吸附剂（如腐殖质类物质）较高的极化性可以使其与 HOCs 之间发生范德瓦耳斯力的作用。电荷转移复合物的形成（π-π

相互作用）也被认为是富含芳香 C 的天然吸附剂对芳香污染物具有强吸附作用的可能机制，例如 PAHs 可以作为电子供体，有机质中的芳香基团为电子受体（Sander & Pignatello，2005；Zhu & Pignatello，2005）。另外一些研究报道了富含脂肪 C 的吸附剂对 HOCs 具有更强的吸附能力（Chefetz，2003；Chefetz，et al，2000；Lin，et al，2007；Sun，et al，2008a）。然而，Chefetz & Xing（2009）总结已有的研究报道数据发现，天然有机质对菲吸附的 K_{oc} 值与天然有机质中的芳香 C 含量没有明显的相关性，但是 K_{oc} 值与天然有机质中的脂肪 C 之间具有一定程度的正相关关系。

土壤对极性和离子形态有机物吸附的主要影响因素包括吸附体系的水分含量、阳离子交换量、化合物在水中的溶解度、吸附质的化学性质、电解质浓度和 pH 值等。例如，降低 pH 值导致所有除草剂（除了敌草快）在膨润土上的吸附量增大，阳离子敌草快在低和高的 pH 值情况下都完全被吸附。pH 值对邻苯二甲酸二正丁酯和阿特拉津吸附的影响最大。邻苯二甲酸二正丁酯可以被阴离子交换剂吸附却不能被阳离子交换剂吸附，而阿特拉津、氯苯胺灵和灭草隆可以被这两种吸附剂吸附。敌草快完全被阳离子交换剂吸附，但是阴离子吸附剂对其吸附非常少。所有的除草剂都可以被淤泥吸附。此外，研究发现土壤和沉积物的有机质含量对吸附的影响也是比较大的。土壤和沉积物对敌草隆、伏草隆、苯基脲除草剂、有机氯农药的吸附能力与有机质含量具有明显的相关性。很多研究表明，当土壤有机质含量＞2%时，其他因素对土壤吸附对硫磷的影响就会被掩盖，因为无机吸附剂表面会被有机质覆盖。当有机质被氧化剂破坏后，吸附能力大大降低。但是有两种土壤仍然保持着高的吸附能力，即使有机质含量大量减少至＜0.1%，这可能是因为这两种土壤的无机组分对对硫磷在有机质含量低的土壤上吸附具有重要的作用（Site，2001）。

综上所述，尽管目前已经对土壤和沉积物吸附有机污染物方面进行了很多研究，但由于土壤和沉积物本身的复杂性，关于土壤和沉积物对有机化合物的吸附机理还有待进一步的深入研究。

8.1.6　吸附模型

吸附是流体（液体或者气体）中的物质转移到固相上的普遍现象。吸附等温线是描述不同浓度的吸附质在固相上保留情况的曲线，是描述和预测吸附质在环境中迁移的主要工具。当研究一种吸附质在固相上的保留情况时，在流体中剩余的吸附质浓度 C_e(mg/L 或者 mol/L）与保留在固体颗粒上的吸附质浓度 Q_e(mg/g 或者 mmol/g）之间具有一定的关系，如图 8-5 所示。由这两个浓度之间建立起来的关系式 $Q_e = f(C_e)$ 就是吸附等温线，这种关系式需要满足以下条件：a. 吸附必须已经达到平衡；b. 所有其余的物理-化学参数必须是常数。之所以用等温线（isotherm）这个词是因为温度会影响吸附反应，所以温度必须是恒定的或者是指定的。

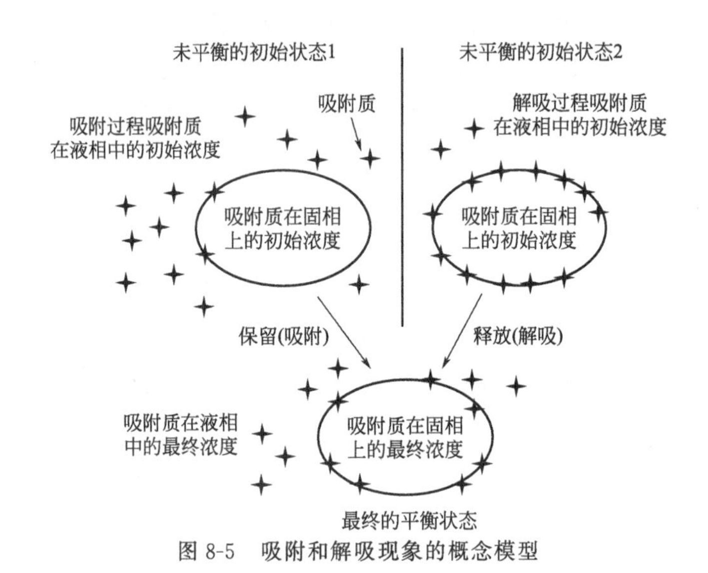

图 8-5　吸附和解吸现象的概念模型

通常，吸附质在固相上的浓度可以通过吸附质的初始浓度 C_0 与平衡后在液相中的浓度 C_e 之间的差异来计算，所以吸附平衡后吸附质在固相上的浓度 Q_e 可通过式(8-1) 计算。

$$Q_e = (C_0 - C_e)\frac{V}{m} + Q_0 \tag{8-1}$$

式中　Q_e——吸附平衡后吸附质在固相上的浓度，mg/g 或 mmol/g；

C_0——吸附质的初始浓度，mg/L 或 mol/L；

C_e——平衡后吸附质在液相中的浓度，mg/L 或 mol/L；

V——溶液体积，L；

m——固相吸附剂的质量，g；

Q_0——吸附质在固相上的初始浓度，mg/g 或 mmol/g。

Q_0 这个数值必须要预先进行测定或者证明是可以忽略的（Limousin，et al，2007）。

（1）吸附等温线的分类

目前已经有不同的吸附模型来描述吸附实验数据，Giles 等（1974）对吸附等温线模型进行分类，确定了等温线的 4 个普遍形状，包括 C 型（Constant partition）、L 型（Langmuir）、H 型（High affinity）和 S 型（Sigmoidal-shaped），如图 8-6 所示。

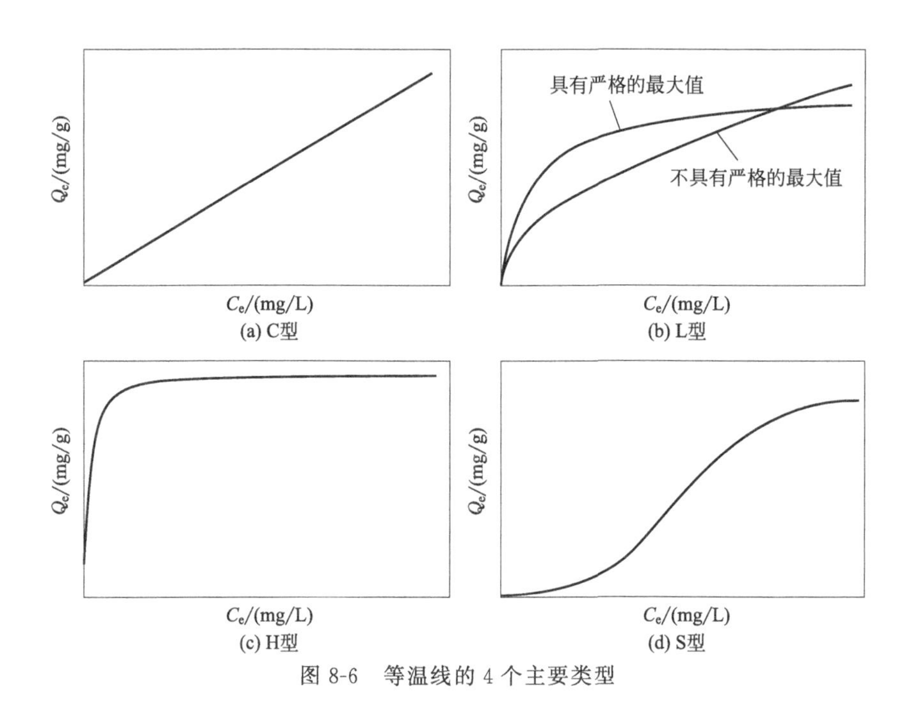

图 8-6　等温线的 4 个主要类型

1）C 型等温线

这种类型的等温线是过原点的直线，意味着吸附质在任何浓度条件下，达到吸附平衡后，其在固相上的浓度与在液相中的浓度比值是相同的，这个比值通常称为“分配系数”，以 K_d 或者 K_p（L/kg）表示。C 型等温线通常用作近似值（用于一个窄的浓度范围或者痕量污染物非常低的浓度），而不是用作准确的描述。在没有验证之前，这个简单的模型不得使用，否则会导致得出错误的结论。例如，固相吸附剂吸附位点数量有限，吸附可能会达到饱和状态而使等温线呈非线性。

2）L 型等温线

这种类型的吸附等温线是凹的曲线，随着平衡溶液中吸附质浓度的增加，在固相上的浓度与在液相中的浓度比值减小，这表明吸附质在固相上的吸附逐渐饱和。这种类型的吸附等温线通常分两种情况：a. 吸附曲线达到严格意义上的最大值（吸附剂具有最大吸附容量的限值）；b. 吸附曲线不具有严格意义上的最大值（吸附剂没有明显展示出具有最大吸附容量的限值）。通常，在实际情况中很难辨别一个等温线是属于第一种情况还是第二种情况。

3）H 型等温线

这种等温线实际上是 L 型等温线的一个特例，H 型等温线初期部分就具有很大的斜率。将这种类型等温线区别于其他类型等温线是因为这种吸附质与固相吸附剂之间有时呈现如此高的亲和力，使得初期部分的斜率就接近于无穷大，即使它从热力学的观点没有意义（Toth，1995）。

4）S 型等温线

这种等温线呈 S 形，因此具有一个拐点。这种类型的等温线是由至少两个相反吸附机制作用的结果。一个典型的例子就是非极性有机污染物与矿物质之间具有弱的亲和力，但是当矿物质表面被这些非极性污染物覆盖后，其余的有机分子就很容易被吸附（Karimi-Lotfabad，et al，1996；Pignatello，2000），这种现象被称为“协同吸附作用”（Hinz，2001），并且表面吸附剂的吸附也被发现具有这种现象（Smith，et al，1990）。金属离子在有配合基团存在情况下的吸附也会呈 S 型曲线，曲线的拐点表明吸附质的浓度达到了吸附作用超越吸附质与吸附剂络合作用所需的浓度。

（2）常用的吸附模型

1）线性分配模型

线性分配模型属于 C 型等温线，相分配平衡可以用下式进行描述。

$$Q_e=K_pC_e \tag{8-2}$$

式中 K_p——线性分配系数。

当分配系数用有机碳含量 f_{oc} 进行归一化后，得到有机碳归一化的分配系数 K_{oc}，见式(8-3)。

$$K_{oc}=\frac{K_p}{f_{oc}} \tag{8-3}$$

式中 f_{oc}——有机碳含量；

K_{oc}——分配系数。

用这个模型需要满足 3 个条件：a. 吸附完全可逆或者不存在滞后现象；b. 吸附速率很快；c. 同时共存的多种吸附质之间不存在竞争吸附关系（Schwarzenbach，et al，1993）。但是到了 20 世纪 90 年代时，有越来越多的研究发现吸附等温线常常是非线性的，K_{oc} 值也比经验方程估计的大很多，同时还发现不同类型的有机质吸附污染物的 K_{oc} 值之间存在很大的差异，这些现象明显与线性分配模型矛盾，所以为了定量描述这些非线性吸附现象，常用以下等温线模型进行描述。

2）Freundlich 模型

这个模型属于 L 型或者 H 型等温线，由 Freundlich 在 1906 年建立。这是一个经验模型，广泛用于吸附质在异质性表面的吸附和多层吸附现象，模型表达见式(8-4)。

$$Q_e = K_F C_e^n \tag{8-4}$$

式中　K_F——吸附强度的参数；

　　　n——吸附非线性程度的参数。

其中，当 $n=1$ 时吸附为线性吸附；当 $n<1$ 时为非线性吸附，并且 n 值越小表明吸附等温线的非线性程度越大。n 值的大小可以体现某一个特定吸附过程中能量大小及其变化情况（Chiou & Li，2002；Rattanaphani，et al，2007）。

3）Langmuir 模型

这个模型由 Langmuir 在 1918 年建立，也是应用非常广泛的吸附等温线模型，该模型的表达式见式(8-5)。

$$Q_e = \frac{Q^0 b C_e}{1 + b C_e} \tag{8-5}$$

式中　Q^0——单层饱和吸附量；

　　　b——与吸附焓相关的系数。

其中，$Q^0 b$ 是等温线初始阶段的斜率，当吸附质浓度足够低的时候，这个数值可以近似等于分配系数 K_p 值。

这个模型有 3 个假设条件：a. 各个分子之间的吸附能相同；b. 吸附质分子以单层覆盖到吸附剂表面；c. 被吸附到吸附剂表面的分子之间没有相互作用。由此，可以很容易推断在低的吸附质浓度情况下，它可以演变成线性吸附等温线，因此符合 Henry 定律。另外，在高的吸附质浓度情况下，它可以预测最大单层吸附容量。

4）Polanyi 理论模型

Polanyi 理论模型（PMM）是 Polanyi 在 1916 年建立的，后来被 Manes 等在 1969 年广泛用于气相和液相吸附体系，模型表达式见式(8-6)。Dubinin-Ashtakhov 模型（DAM）表达式见式(8-7)。

$$\lg Q_e = \lg Q_0' + a(\varepsilon_{sw}/V_s)^{b'} \tag{8-6}$$

$$\lg Q_e = \lg Q_0' + (\varepsilon_{sw}/E)^{b'} \tag{8-7}$$

$$\varepsilon_{sw} = RT\ln(C_e/C_s)$$

式中 Q_0'——饱和吸附量；

a——拟合参数；

b'——拟合参数；

V_s——吸附质摩尔体积；

ε_{sw}/V_s——有效吸附势；

E——吸附能；

R——理想气体常数；

T——热力学温度；

C_s——吸附质的溶解度。

Polanyi 理论模型已经被认为是可以有效用于拟合气相或者液相中吸附质在高异质性固相吸附剂上（如活性炭或者碳纳米管）的吸附数据（Yang & Xing，2010b；Yang，et al，2006a；Yang，et al，2010a）。

5）双区模型（DMM）

DMM 模型是由一个 Langmiur 非线性吸附部分和一个线性吸附部分构成的，具体表达式见式(8-8)。

$$Q_e = Q_{ad} + Q_p = \frac{Q^0 bC_e}{1+bC_e} + K_p C_e \tag{8-8}$$

式中 Q_{ad}——非线性部分的固相浓度；

Q_p——线性部分的固相浓度。

这个模型是由双反应模型简化而来的，Weber 等（1992）提出双反应模型（DRM），用于解释疏水性有机物的非线性吸附现象，并且引入硬炭和软炭的概念来区别成熟度高的有机碳和成熟度低的有机碳。该模型认为土壤和沉积物都是由活性有机和无机组分复合构成的异质性体系，每个组分都有各自的吸附性质和吸附能，对于给定的化合物各自表现出线性或者非线性吸附，总的吸附是由这些吸附行为共同决定的（孙可，2007）。在研究非线性吸附情况时，DMM 模型可以很好地拟合吸附数据，这说明 DMM 模型能够很好地解释非线性吸附现象（Huang & Weber，1998；Huang，et al，1997b；Leboeuf & Weber，2000；Xing，2001；Xing & Pignatello，1997）。

8.1.7　生物质炭对有机污染物的降解

土壤中有机污染物的降解过程一般包括生物降解、水解、光解和氧化，生物降解是大多数有机污染物的主要消减和分解途径（Liu，et al，2018）。生物质炭的吸附行为会降低有机污染物的生物可利用性。虽然碳质材料可以减少溶解的有机污染物，从而减少孔隙微生物的生物利用度，但是有机污染物对某些物种的暴露途径不都是由孔隙水引导的。对于一些微生物，溶解和吸附的有机污染物都是可用的（Ren，et al，2018）。微生物降解是去除有机污染物的潜在机制，但在污染物的生物利用度低时会受到限制（Ren，et al，2018）。生物质炭关于杀虫剂（图 8-7）的研究表明，一方面由于生物质炭的吸附作用会减缓土壤中杀虫剂的生物降解；另一方面添加生物质炭可能会提高对微生物的刺激，使得微生物降解程度更高。生物质炭对于土壤中杀虫剂的生物降解效果取决于占主导地位的作用（Ren，et al，2018）。

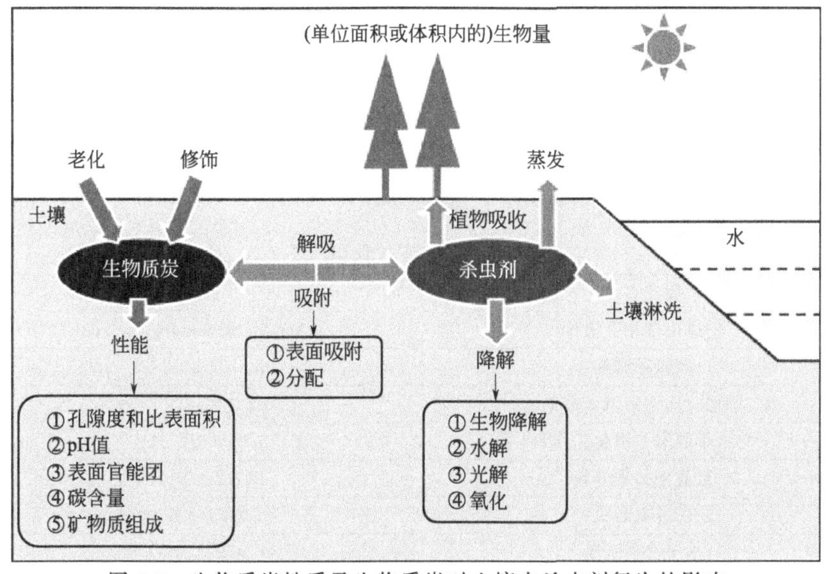

图 8-7　生物质炭性质及生物质炭对土壤中杀虫剂行为的影响

8.2　生物质炭固定化菌剂的制备

我国作为农牧业大国拥有丰富的农业废弃物资源，但人们通常以直接焚烧的方式将其处理，这不仅浪费资源，还对环境造成了严重污染。而今将其制备成生物质炭可实现废弃物资源化，生物质炭具有特殊的孔隙结构和化学组成，可作为污染修复材料，因此在环境各领域得到了广泛应用（Xiao，et al，2018）。研究证明，不同原料在不同热解温度下制备的生物质炭理化性质差异较大，主要是亲水性、芳香性、比表面积和孔隙结构等存在较大差异，这些差异是影响其修复性能的关键因素（Zhang，et al，2016；Zhang，et al，2017；Chen，et al，2019）。鉴于此，本节选用玉米轴（CC）、玉米秸秆（CS）和核桃壳（WS）这 3 种农业废弃物材料，分别于 250℃、400℃和 600℃绝氧热解 4h 制备成生物质炭，并对其性质、形貌及结构特征进行分析。

8.2.1 生物质炭的制备

首先用自来水将原料表面的灰尘洗净，置于 80℃的烘箱中干燥。用粉碎机将其破碎成粉末状，分别压实于瓷坩埚并加盖密封，置于马弗炉中，全程通入氮气保证缺氧条件。以 15℃/min 的速率升温至目标温度（250℃、400℃和 600℃）热解 4h。待其冷却至室温后取出，用玛瑙研钵研磨过 0.15mm 筛。将所得生物质炭分别标记为 CC2、CC4、CC6、CS2、CS4、CS6、WS2、WS4、WS6，密封保存于自封袋备用。选择玉米轴（CC）、玉米秸秆（CS）和核桃壳（WS）作为原料，采用慢速热解法制备生物质炭所需要的实验仪器如表 8-3 所列。

表 8-3 实验仪器

仪器名称	型号
安捷伦液相色谱仪	Agilent Technologies 1260
厌氧手套箱	DG250
手提式压力蒸汽灭菌锅	YXQ SG41 280 A
单人单面水平净化工作台	SW-CJ-1G
数显振荡培养箱	HZQ-X100
高速离心机	CF16RXⅡ
电子分析天平	CP A225D
电热鼓风干燥箱	GZX-9070MBE

8.2.2 生物质炭的表征

（1）生物质炭表面结构观察

将 9 种不同的生物质炭样品喷金后，于材料扫描电镜下观察生物质炭的表面形态及结构。

（2）生物质炭元素分析

C、H、N 的含量由元素分析仪（Flash EA 1112）来测定，O 的含量通过质量平衡方法来进行计算，同时扣除灰分和自由水分的质量。

（3）生物质炭 pH 值和 EC（电导率）的测定

将 9 种生物质炭分别和水以 1∶10 的比例混合，用 pH/EC 计测定。

（4）生物质炭 N_2-BET 表面积（SA）的测定

表面积的测定由 ASAP-2020 表面积分析仪测定。

（5）生物质炭晶体结构（XRD）的测定

将粉末状的 9 种生物质炭均匀铺在样品槽内，压实后分别于 X 射线衍射仪上进行扫描测定，扫描范围为 $2\theta=10°\sim80°$。

（6）生物质炭持久性自由基测定

将 2mg 左右的 9 种生物质炭样品分别装入石英毛细管中，并将其置于电子顺磁共振（EPR）波谱仪的共振腔中，检测 EPR 信号。

8.2.2.1　生物质炭的元素组成

生物质炭对碳的固定与热解温度呈现正相关，而对氢和氧呈现负相关（Intani et al，2018）（图 8-8）。C 含量随热解温度的升高由 61.94%～75.76%增加到 89.88%～90.78%。且其与生物质的来源密切相关，250℃和 400℃制备的 CC 生物质炭的 C 含量要高于 CS 生物质炭和 WS 生物质炭。O 含量由 19.58%～32.33%减少到 6.83%～8.14%，H 含量由 4.37%～5.43%减少到 1.69%～2.11%，说明在裂解过程中发生了脱氢和脱氧反应，生物质炭炭化程度增加（王菲等，2016）。H 含量主要与植物有机质有关，因此 H/C 可用于估算生物质炭的炭化程度及表征有机质芳香性大小（Zhang，et al，2011a）。生物质炭的 H/C 值随热解温度的升高由 0.69～1.05 逐渐降低至 0.23～0.28，其原始有机组分（聚合—CH_2、脂肪酸、木质素和一些纤维素）形式发生变化，长链逐步断裂，稠环逐渐形成，芳香性也逐渐增强（Chen，et al，2008）。

与先前研究不同的是（Intani，et al，2018；Liao，et al，2018），随着热解温度的升高，所有生物质炭的 P、K 含量增加，而 N 含量变化不规律。同温度下，WS 生物质炭的 N 含量（0.3%～0.34%）低于 CC 生物质炭

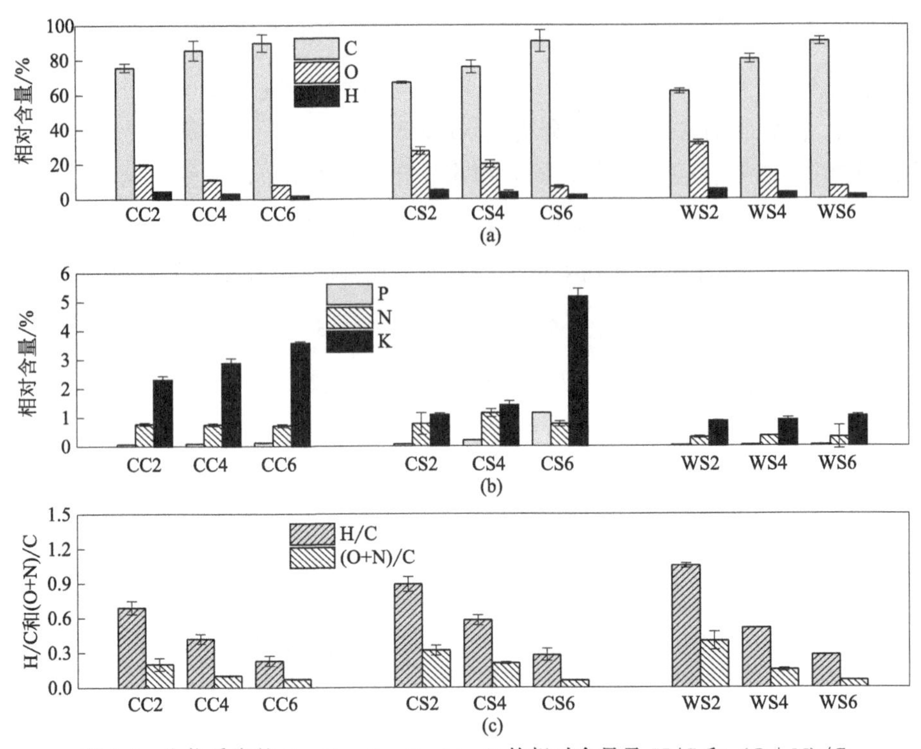

图 8-8 生物质炭的 C、H、O、P、N、K 的相对含量及 H/C 和（O+N）/C

（0.7%～0.76%）和 CS 生物质炭（0.77%～1.15%）。有研究表明同温度下草本植物生物质炭中的 N 含量高于木质生物质炭（Liao，et al，2018）。(O+N)/C 随热解温度升高而降低，生物质炭中的含氧官能团（如羟基、羧基和羰基等）被大量烧失，表面极性官能团减少，疏水性逐步增强（Zhang，et al，2011a）。WS 生物质炭和 CC 生物质炭的 C/N 随着热解温度的升高而升高，而 CS4 低于 CS2 和 CS6。

8.2.2.2 生物质炭的红外光谱分析

红外光谱（FTIR）结果（图 8-9）与元素组成（图 8-8）一致。随着热解温度的升高，总脂肪 C 含量降低，而总芳香 C 含量增加，表明极性官能团减少和芳香化成分的增加。250℃的生物质炭仍然保留了一些原始官能团，相应地其 H/C 也较高。当热解温度从 250℃ 升高到 600℃ 时，$3340cm^{-1}$（—OH 伸缩振动）处的条带逐渐消失，纤维素和木质素脱去水分（Keiluweit，et al，2010）。$2928cm^{-1}$ 和 $1450cm^{-1}$（CH_2 单体）处条带的消失表明非极性脂肪族成分的分解（Chen，et al，2008）。$1700cm^{-1}$ 处条带的消失表明羧基、痕量醛、酮和酯的分解（Keiluweit，et al，2010）。$1607cm^{-1}$（芳香族 C ═C 和 C ═O）处的谱带强度从 250℃ 升高到 400℃ 时先升高，到 600℃ 时又降低，这与先前的研究一致（Zhang，et al，2011；Chen，et al，2008；Keiluweit，et al，2010）。$1514cm^{-1}$（木质素的 C ═C 环）处条带的消失表明原始木质素结构的破坏（Chen，et al，2008）。$1160cm^{-1}$ 和 $1050cm^{-1}$（脂肪族 C—O 和醇—OH）处条带的减弱或消失表明极性纤维素和半纤维素的还原（Zhang，et al，2011；Keiluweit，et al，2010）。相反，$876cm^{-1}$、$796cm^{-1}$ 和 $753cm^{-1}$（芳香烃—CH）处出现并逐渐增强的条带，表明生物质原始组分因温度升高而被破坏，发生缩水聚合等反应而形成凝聚态芳香性化合物，使得生物质炭的炭化程度增强（Keiluweit，et al，2010），这与元素分析中芳香化指标 H/C 的降低趋势相一致。

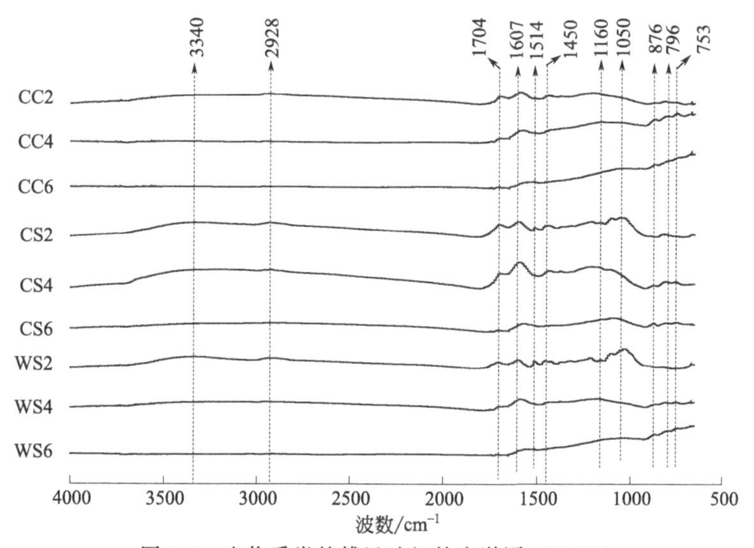

图 8-9　生物质炭的傅里叶红外光谱图（FTIR）

与原料类型相比，热解温度是决定生物质炭芳香化程度的更关键因素（Yang，et al，2018b）。随着热解温度的升高，芳香化结构逐渐形成再进一步被破坏，醇—OH、C ═O 酯键、$—CH_2$、C—O、芳香族羰基 C ═O 和酚—OH 等官能团逐渐消失并进入芳香核内部，这也可能是 SA（生物质炭 N_2-BET）逐渐增加的原因（Chen，et al，2008）。同时，生物质炭芳香性的增强可能使得其更加稳定（Yang，et al，2018b）。

8.2.2.3 生物质炭的^{13}C核磁共振分析

^{13}C核磁共振分析（^{13}C-NMR）结果（图 8-10）与元素分析（图 8-8）和红外光谱（图 8-9）一致。其化学位移（10^{-6}）单位的主要归属为：烷基碳（0～45）$\times10^{-6}$，甲氧基碳（45～63）$\times10^{-6}$，糖类（63～93）$\times10^{-6}$，芳香碳（93～148）$\times10^{-6}$，酚碳（148～165）$\times10^{-6}$，羧基碳（165～187）$\times10^{-6}$和羰基碳（187～220）$\times10^{-6}$（张桂香等，2015）。250℃的生物质炭主要由芳香碳（93～165）$\times10^{-6}$、脂肪碳（0～93）$\times10^{-6}$、羧基碳和羰基碳（165～220）$\times10^{-6}$组成，而 400℃和 600℃的生物质炭主要由芳香碳（93～165）$\times10^{-6}$组成。由图 8-10 可以看出 130×10^{-6} 处有明显的主峰，表明随着热解温度的升高，生物质炭极性官能团含量减少，芳香性增加，生物质炭从软炭质逐渐过渡到硬炭质，这与元素分析中极性指标（O+N)/C 和芳香化指标 H/C 逐渐降低的趋势一致。

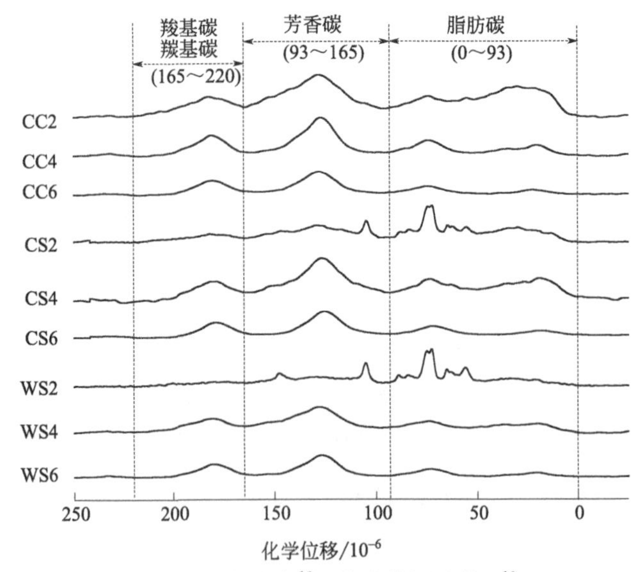

图 8-10 生物质炭的固态^{13}C核磁共振图谱（^{13}C-NMR）

8.2.2.4 生物质炭的比表面积和孔径分析

不同热解温度下玉米芯生物质炭的基本理化性质及元素组成如表 8-4 所

列。由表 8-4 可知，玉米芯生物质炭的 pH 值均大于 7，且随热解温度的升高而升高，分别为 9.36、10.19、10.00，这可能是因为玉米芯生物质炭中原本与有机物结合的矿物质元素在裂解过程中向碳酸盐形态转变，而碳酸盐等物质溶于水后呈碱性（黄玉芬，2020）。同样，玉米芯生物质炭的 EC 也随着热解温度的升高而增加，分别为 1.43、4.05、6.64，这可能也与高温下碱液的积累有关。而随着热解温度的升高，玉米芯生物质炭的灰分含量相对较为稳定，当热解温度为 400℃和 600℃时，两者生物质炭的灰分含量几乎一致，分别为 1.80 和 1.81。C 含量随着热解温度的升高呈上升趋势，分别为 75.76%、85.65%、89.88%，然而 H 含量、N 含量和 O 含量则随着热解温度的升高呈下降趋势，分别从 4.37%、0.76%、19.58%下降至 1.69%、0.70%、8.14%，其中 H 含量的多少与植物的有机质组分有关。不同热解温度下制备的玉米芯生物质炭中各原子比所代表的意义不相同，H/C 代表芳香性，值越大代表芳香性越低，CC600 的 H/C 原子比随着热解温度的升高下降至 0.23，表明原始有机组分减少，炭化程度增强。(O+N)/C 代表极性和疏水性，值减小代表疏水性增强，极性基团减少，随着热解温度的升高 CC600 的（O+N)/C 值由 CC250 的 0.20 下降至 0.07，表明热解温度的升高会导致生物质炭的疏水性增强以及极性基团的减少（Zhang，et al，2017）。这与其他一些生物质制备生物质炭的研究结果一致。

表 8-4　玉米芯生物质炭的基本理化性质及元素组成

生物质炭	pH 值	EC /(dS/m)	灰分 /%	W/%				原子比		比表面积 /(m^2/g)
				C	H	N	O	H/C	(O+N)/C	
CC250	9.36	1.43	1.49	75.76	4.37	0.76	19.58	0.69	0.20	1.71
CC400	10.19	4.05	1.80	85.65	3.01	0.74	11.04	0.42	0.10	70.72
CC600	10.00	6.64	1.81	89.88	1.69	0.70	8.14	0.23	0.07	295.95

为进一步了解玉米芯生物质炭的结构和表面形态特征，对 3 种不同的生物质炭进行材料扫描电镜和比表面积的分析测定，结果如图 8-11 所示。随着热解温度的升高，比表面积呈增大趋势，由 CC250 的 1.71m^2/g 增大至 295.95m^2/g，这可能是因为在较高的热解温度下由于芳香 C 含量的增加，连接芳香族的官能团（如—OH、酯 C═O、脂肪族—CH_2、C—O、芳香族

C═O 和酚—OH）被破坏和去除，形成了一些细小的微孔结构，导致 SA 值增大（Chen，et al，2008）。图 8-11 为不同热解温度下生物质炭的 SEM 图，较好地展示了样品表面孔隙结构的特征，其中图 8-11(a)、(b)、(c) 分别为 CC250、CC400、CC600 的 SEM 图。由图 8-11 可知，3 种不同的生物质炭样品均具有丰富的孔隙结构，且随着热解温度的升高生物质炭的孔隙结构更为发达，CC250 和 CC400 生物质炭样品的表面较为粗糙，而 CC600 生物质炭样品的表面较光滑且具有丰富的网状孔隙结构，同时可以看出 CC250 和 CC400 的孔隙结构里出现碎屑堵塞微孔的现象。3 种生物质炭的结构主要呈网状分布，排列均匀，随着扫描电镜倍数的增大，可以清晰地看到生物质炭侧壁上的小孔，且小孔间排列紧密。

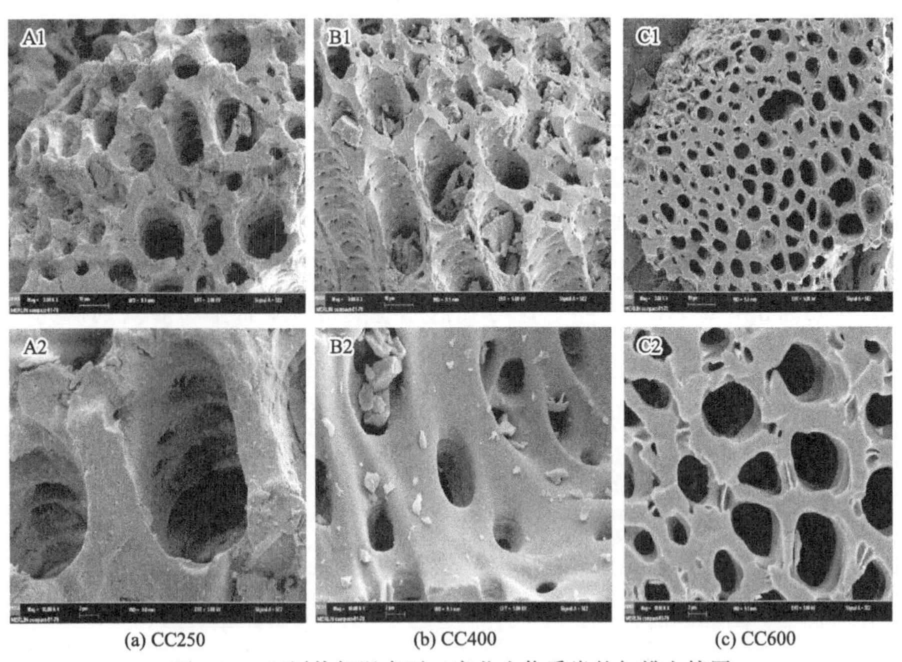

(a) CC250　(b) CC400　(c) CC600

图 8-11　不同热解温度下玉米芯生物质炭的扫描电镜图

8.2.2.5　生物质炭的 X 射线衍射分析

X 射线衍射分析（XRD）能够分析不同生物质炭的内部晶体结构和组成成分。图 8-12 为不同热解温度下玉米芯生物质炭的 XRD 图谱，其中图 8-12(a)、(b)、(c) 分别表示 CC250、CC400、CC600 的 XRD 图谱。根据 Jade 软件里的标准卡片，可以发现 3 种不同生物质炭样品中主要存在的物质有 Si、Al_2O_3、SiO_2、Fe_2O_3、$CaCO_3$ 等，且随着热解温度的升高，石墨化程度增强，无机元素的富集能力提高，更易形成稳定的矿物质晶体。CC250 的主要特征峰在 2θ 为 28.43°、40.59°，CC400 的主要特征峰在 2θ 为 26.82°、28.61°、40.70°，CC600 的主要特征峰在 2θ 为 24.34°、26.65°、28.49°、30.16°、31.43°、40.71°。有研究表明，生物质炭中含有的 Fe_2O_3 部分结晶相有利于微生物的生长，同时生物质炭中存在的氧化物和碱性盐基离子不利于阿特拉津的吸附，热解温度的升高会导致纤维素结构被破坏（马伶俐，2017）。

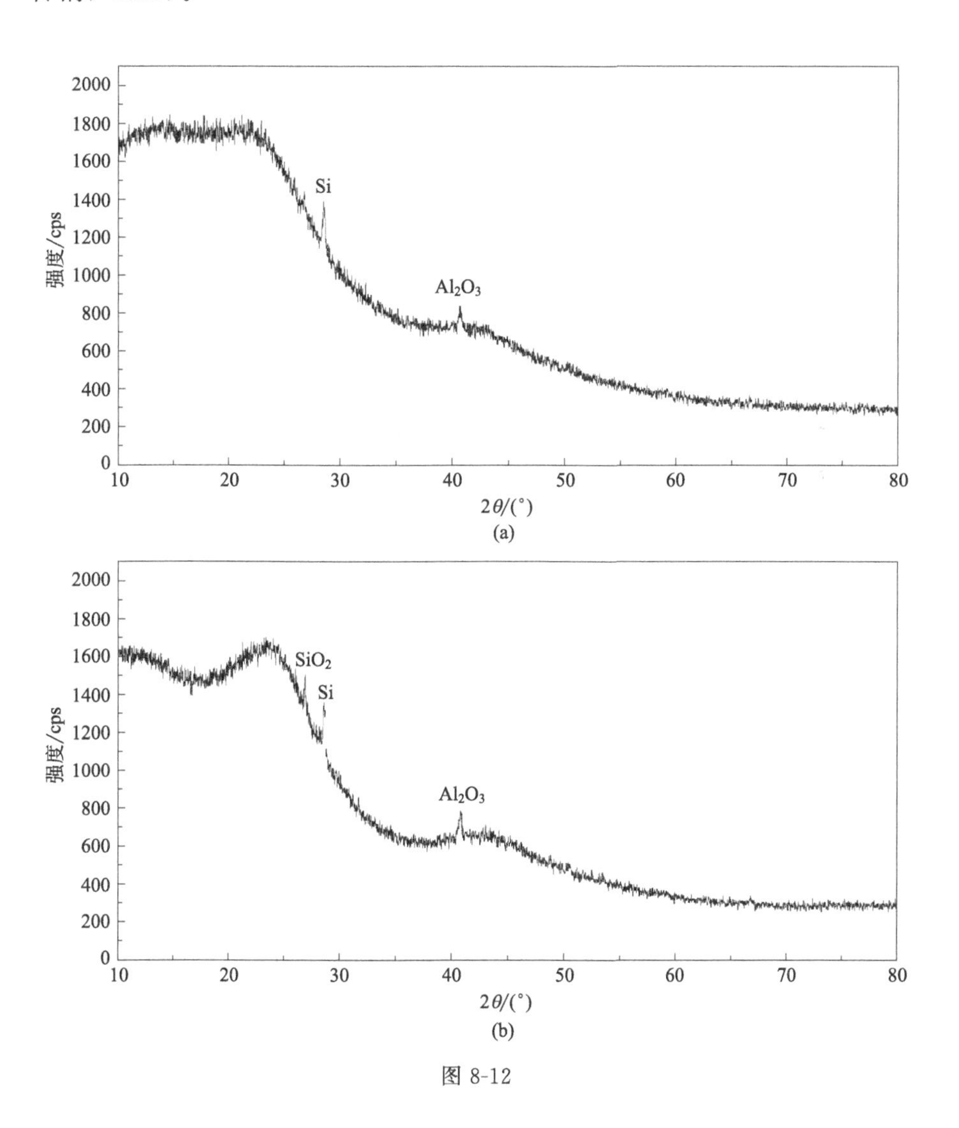

图 8-12

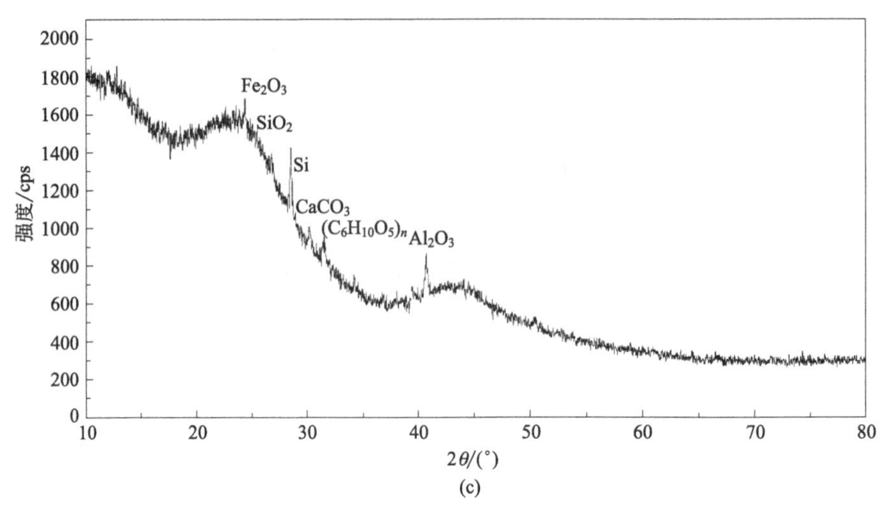

图 8-12　不同热解温度下玉米芯生物质炭的 XRD 图谱

有研究表明，生物质炭在炭化过程中会产生自由基，自由基的产生会刺激菌株细胞产生 ROS，降低细胞的抗氧化能力，造成细胞死亡，具有显著的细胞毒性。Liao 等（2014）发现在玉米秸秆、水稻秸秆和小麦秸秆以及其他生物质的主要生物聚合物组分（纤维素和木质素）中均有明显的电子顺磁共振（EPR）信号，表明生物质炭在炭化过程中产生了自由基。生物质炭的 EPR 一般以多种形式存在，可以根据 EPR 信号的 g 因子识别自由基类型：$g>2.0040$ 是氧中心自由基的典型特征，如半醌自由基阴离子；g 为 2.0030～2.0040 则是氧中心自由基和碳中心自由基组合的典型特征；而当 $g<2.0030$ 时则是以碳为中心的自由基，如芳香族自由基。

如图 8-13 所示（彩图见书后）为不同热解温度下玉米芯生物质炭的自由基信号，从图中可以看出 BC250、BC400、BC600 的 g 因子分别为 2.00249、2.00254、2.00256，g 值均小于 2.0030，表明 3 种生物质炭样品中含有的自由基均是以碳为中心的自由基。同时，当热解温度由 250℃升高至 400℃时，生物质炭样品中的 EPR 强度也增强；而当热解温度由 400℃升高至 600℃时，EPR 的信号强度却随热解温度的升高而减弱；400℃下热解制备的生物质炭样品中信号强度最强，600℃下热解制备的生物质炭样品中信号强度最弱，这与张绪超等和裘舒越等的研究结果一致（张绪超等，2019；裘舒越等，2020）。

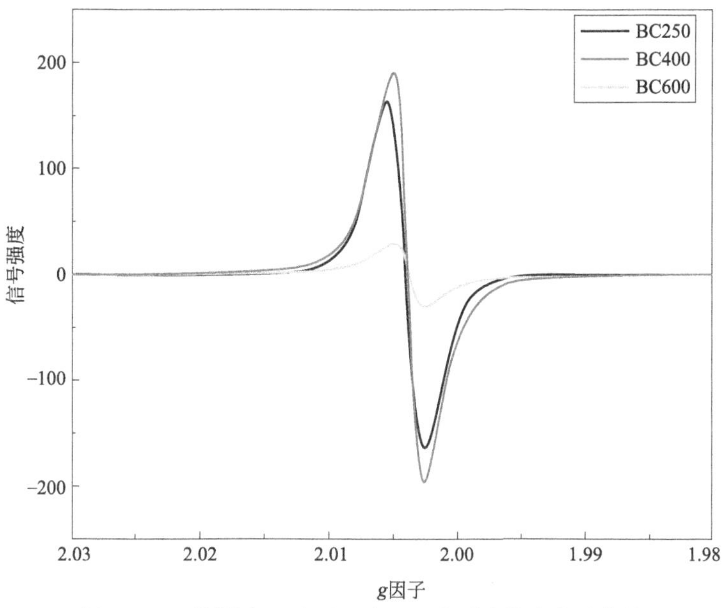

图 8-13　不同热解温度下玉米芯生物质炭的自由基信号

8.2.2.6　电子显微镜图

图 8-14 为生物质炭固定化菌剂的表面形貌电镜图。从图 8-14(a) 中可以看出，生物质炭在热解过程中保持了原有的天然形态，表面分布着大小不一的通道和孔隙，可以为微生物提供理想的生存场所。同时，可以看

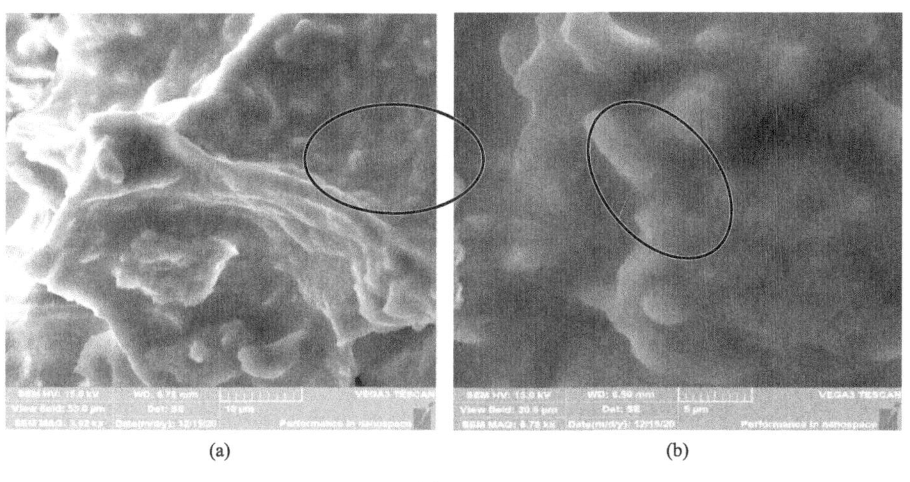

图 8-14

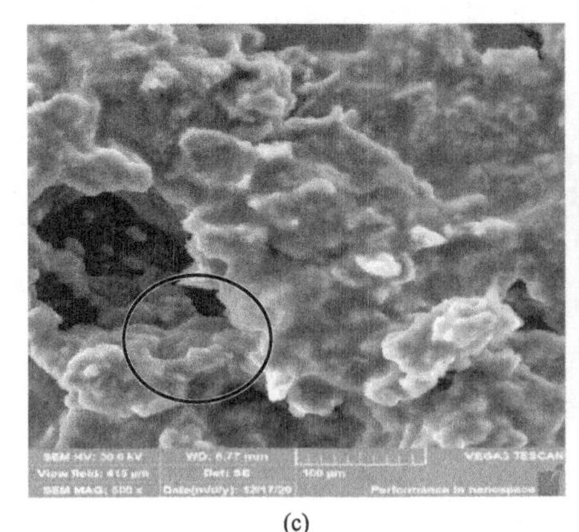

(c)

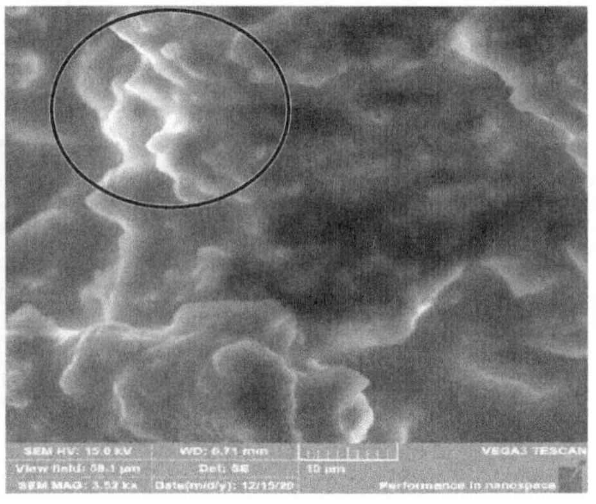

(d)

图 8-14 生物质炭固定化菌剂的电镜图

出在生物质炭的表面负载有杆状的菌体，且主要分布在生物质炭表面的平坦处，这可能是因为生物质炭与微生物之间的作用力较弱，表面平坦处更适合微生物的生长，有利于对微生物的固定（马伶俐，2017）。从图 8-14（b）和（c）中可以看出，菌株在生物质炭表面以不同的菌落形态存在，部分如图 8-14(b）和（d）所示为聚集状的，这可能是因为菌株在生物质炭上挂膜，或者是菌体之间的物理吸附使得菌体表现为聚集状。而另外一部分如图 8-14(a）和（c）所示为分散状的，这可能是载体间的静电引力造成的。

8.2.3 生物质炭固定化菌剂的制备方法

分别称取 500mg CC250、CC400 和 CC600 生物质炭，用去离子水定容到 500mL，超声 2h，制成生物质炭母液，备用。取处于对数生长期的菌株，制成 $OD_{600}=1$ 的菌悬液。然后将 $OD_{600}=1$ 的菌悬液和生物质炭母液分别以 1∶1、2∶1、3∶1 的比例加入至锥形瓶中，在 30℃、150r/min 的条件下振荡 24h，使微生物吸附在生物质炭上，调节 pH 值为 7.63，备用。

将制备好的不同固定化菌剂以 10%的比例加入到含阿特拉津的富集培养基中，使最终溶液中阿特拉津的浓度为 2mg/L，pH 值为 7.63，将其置于 33℃、150r/min 的条件下（此处条件为优化后的条件）进行培养，以一定的时间间隔取样测定菌量，观察生物质炭对菌株生长的影响。在取样前要求摇匀溶液，设置 3 组平行，同时设置空白对照，其中等量的菌悬液为对照组，要求用无菌生理盐水按照比例调整菌悬液。

将制备好的固定化菌剂以 10%的比例加入到含阿特拉津的富集培养基中，使溶液中阿特拉津的浓度为 2mg/L，pH 值为 7.63，将其置于 33℃、150r/min 的条件下进行培养，分别于 2d 和 5d 时取样，测定溶液中阿特拉津的浓度。在取样前要求摇匀溶液，设置 3 组平行，同时对空白对照组的要求与试验组一致。

8.2.4　生物质炭固定化菌剂的表征

将固定好的生物质炭固定化菌剂离心，去掉上清液，使用无菌生理盐水重复洗涤多次，去除表面的石蜡等液体，离心结束后，加入 2.5%的戊二醛溶液于 4℃环境中固定 24h，目的为保持生物质炭结构上菌株的形态，将其干燥后在材料扫描电镜下观察菌株在生物质炭上的形态及负载情况。

8.3　生物质炭固定化菌剂对阿特拉津的降解研究

8.3.1　生物质炭固定化菌剂对菌株生长的影响

为探究菌液/生物质炭的不同比例对菌株生长的影响，将菌液/生物质炭的比值分别调整为 1∶1、2∶1 和 3∶1，同时将生理盐水中不同比例的菌液加入至培养基中作为空白对照组，如图 8-15 所示（彩图见书后）为同一生物质炭不同比例对菌株生长的影响。

研究表明，不同的初始菌量可以在微生物生长过程中起到关键作用，合适的菌量可以缩短微生物适应期所需要的时间。由图 8-15(a) 可知，1∶1 菌液空白组生长较为缓慢，而 2∶1 和 3∶1 的生长情况相似。这可能是因为当菌量较低时，阿特拉津抑制了菌株的增长，导致菌株难以快速繁殖，适当增加菌量促进了菌株种内的协同作用，可帮助其更好地快速适应环境，而当菌量到达一定值后，过多的增加菌量导致培养基内的生物容量达到最大值，菌体竞争利用培养基中的营养物质，生长受限，且随着菌量的增加，菌株的生长量变化不明显（Pruden，et al，2007；火艳丽等，2020）。对于不同的菌株，其所需的合适的菌量并不相同，菌量的多少与有机物的种类、性质和菌株的种类以及特性相关，利用能力强的菌株所需的菌量相对较少，而利用能力弱的菌株所需的菌量相对较多。

由图 8-15(b)、(c)、(d) 可知，对于同一生物质炭，当菌液∶CC 为 2∶1 和 3∶1 时菌株可以快速适应环境，从而缩短微生物适应期所需要的时

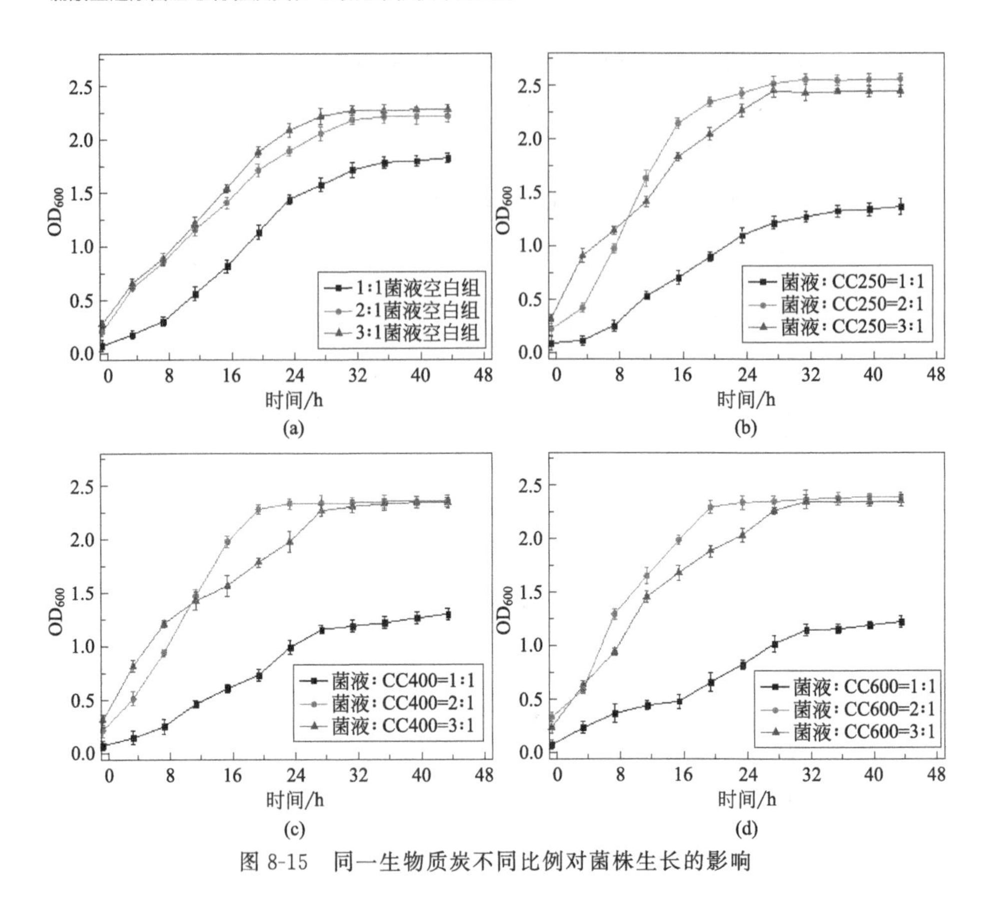

图 8-15　同一生物质炭不同比例对菌株生长的影响

间。但相比而言，菌液：CC 为 2：1 时的效果更佳，这可能是因为随着菌液浓度的增加，生物质炭对菌体的吸附逐渐达到饱和状态，当菌液含量较高时，由于生物质炭载体内部空间有限、空间狭小以及营养物质的缺乏使得微生物之间存在竞争作用，固定化在生物质炭表面的菌体无法获得足够的营养生长繁殖，从而导致其活性下降（Chen，et al，2010）。也有研究表明，在相同的培养条件下，菌剂接种量过多会导致固定化微生物产生过多的代谢产物，而有毒的代谢产物会降低微生物的存活率，抑制菌株的生长（郭静仪等，2005）。然而，在菌株生长的前期阶段，菌液：CC 为 3：1 时菌株的生长情况要大于比例为 2：1 时，主要是因为在初始阶段菌量相对较多，生长相对较快，但随着培养基内营养物质的消耗，菌株之间存在竞争作用，也会产生过多的代谢产物，使菌株生长受到限制，因此在前期阶段菌液：CC 为 3：1 时菌株生长较好。

已有研究表明生物质炭的加入会影响菌株的生长，Yang 等（2020）研究了不同生物质炭浓度对假单胞菌生长的影响，结果表明随着 BC350～BC700（热解温度为 350～700℃的生物质炭）生物质炭浓度的增加，用生物质炭培养的假单胞菌浓度也显著提高，并随生物质炭浓度的增加而增加，但当浓度增加至 500mg/L 后，高浓度的生物质炭延长了细菌的对数生长期，细菌的生长受到了抑制。此研究结果与本研究结果一致，当生物质炭的浓度增加至一定程度后过高的生物质炭浓度延长了菌株的对数生长期，菌株生长受到抑制。然而，也有很多研究发现，不同类型的生物质炭及菌株制成的固定化菌剂性能不同，生物质炭对菌株生长的影响也不尽相同，可能与菌株的种类、生物质炭的种类以及生物质炭与污染物的相互作用有关。

同一比例不同生物质炭对菌株生长的影响如图 8-16 所示（彩图见书后）。由图 8-16(a) 可知，当菌液与生物质炭比值为 1∶1 时，在培养基中加入 10％的生物质炭固定化菌剂后，菌株的生长均受到了不同程度的抑制，其中 CC600 的抑制程度较大，这可能是因为 CC600 有较大的比表面积，对

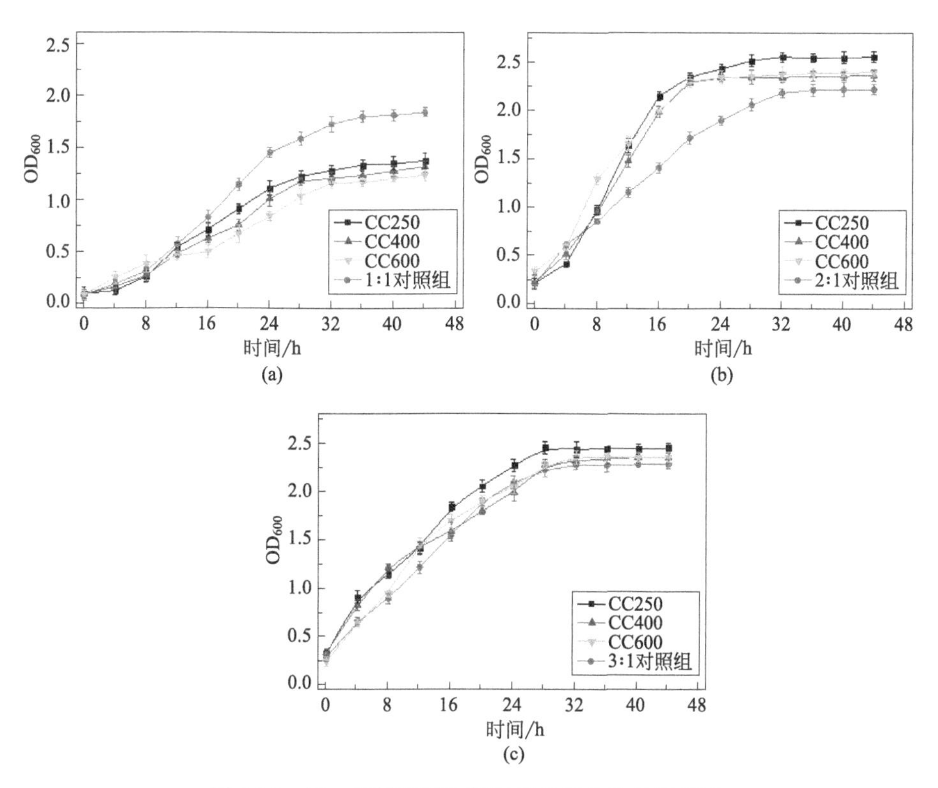

图 8-16　同一比例不同生物质炭对菌株生长的影响

阿特拉津的吸附能力较强，使得菌株生长可利用的碳源不足，菌株的生长受抑制。由图 8-16(b)、(c) 可知，当菌液与生物质炭比值为 2∶1 和 3∶1 时，在培养基中加入 10%的生物质炭固定化菌剂后，菌株的生长均受到了不同程度的促进作用，这可能是因为生物质炭的多孔结构给微生物提供了较好的生长环境，降低了菌株和阿特拉津的直接接触，缓解了阿特拉津对菌株的毒害作用（Atkinson，et al，2010）。

也有研究表明，生物质炭可以作为外源物质输入影响细菌的生长，从而影响生物降解（Meyer，et al，2018）。生物质炭也可以释放 TOC 到溶液中，直接影响细菌的生长和繁殖，细菌可利用胞外聚合酶来分解结构上复杂的 TOC，且随着 TOC 浓度的增加，微生物浓度也显著增加。同时，生物质炭对细菌脂肪酸组成也有一定的影响，TOC 含量越高对脂肪酸的合成越有利，也越有利于细菌的生长（Hill，et al，2019）。微生物细胞表面具有丰富的官能团，这些表面官能团能与生物质炭表面官能团之间形成共价键，从而可以固定细菌，促进菌株的生长（Hong，et al，2017）。

不同比例生物质炭对菌株生长影响的对照如图 8-17 所示（彩图见书后）。其中图 8-17(a) 表示的是在 3 种不同的生物质炭中，不同比例对菌株生长的影响，从图中可以看出，当菌液与生物质炭比值为 1∶1 时，CC250、CC400 和 CC600 的菌生长情况明显低于比值为 2∶1 和 3∶1 时。图 8-17(b) 表示的是在菌液与生物质炭比值为 1∶1 的条件下，不同生物质炭对菌株生长的影响，可以发现菌株的生长均受到了抑制，且 CC600 对菌株的抑制作用最大，此结果与图 8-16 的研究结果一致。

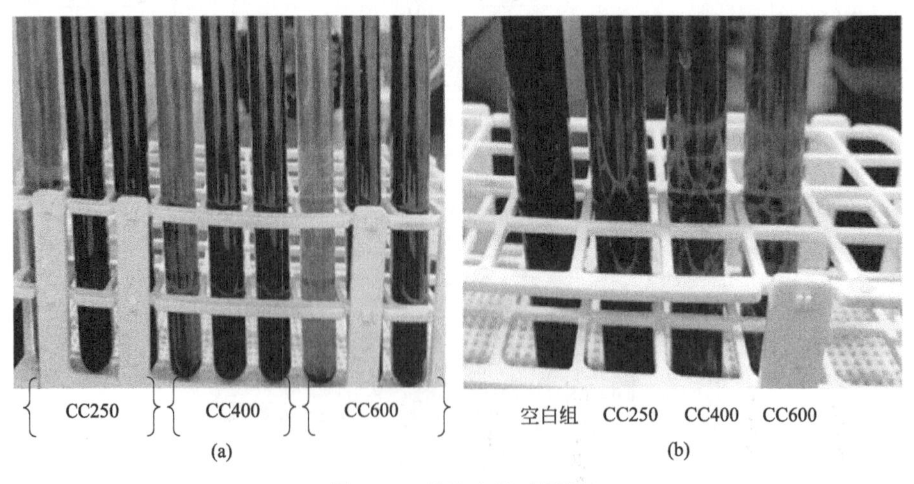

图 8-17　菌株生长对照图

三种不同的生物质炭对菌株生长的影响效果为 CC250＞CC600＞CC400。有研究表明，氮（N）是微生物生长的重要物质基础，生物质炭的C/N值在微生物的生长发育中占有重要的地位。尤其在土壤中，当有机质C/N值低于为25∶1时，微生物的活性较强，有机质的分解加快；反之，微生物的活性降低，有机质分解减慢。因此，C/N值越接近25∶1，微生物的生长越好（陈珊等，2016）。不同热解温度下制备的3种玉米芯生物质炭CC250、CC400、CC600的C/N值分别为99.68∶1、115.74∶1、128.4∶1，表明CC250的C/N值最接近25∶1，最适合微生物的生长。

从生物质炭的理化性质角度分析，可看出随着热解温度的升高，CC250、CC400、CC600的H/C值分别从0.69下降至0.42和0.23，表明生物质炭的芳香性增高，原始有机组分减少，炭化程度增强，炭的聚合度降低，脂肪碳和芳香碳转化为石墨烯等物质，N、P等元素被固定在生物质炭的有机结构中，营养作用下降，微生物可利用程度降低。(O+N)/C值分别从0.20下降至0.10和0.07，表明生物质炭的极性基团减少，疏水性增强，对微生物细胞的黏附生长作用减小，不利于微生物的生长（Fang，et al，2015）。

生物质炭具有挥发性有机化合物和持久性自由基，且中等温度（400℃）下制备的生物质炭比高温（＞400℃）条件下制备的生物质炭具有较多的多环芳烃、二噁英等，这些稳定的持久性自由基（包括半醌类、苯氧化合物、酚类物质）会对微生物产生毒性，诱导微生物发生氧化应激反应（Truong，et al，2010）。从不同热解温度玉米芯生物质炭的EPR图中可以看出，CC400的自由基信号强度最强，表明对菌株的毒性大于CC600对菌株的毒性，因此由CC600制备的固定化菌剂对菌株生长的促进作用大于由CC400制备的固定化菌剂对菌株生长的促进作用。

Masiello等（2013）发现生物质炭可以通过吸附信号分子来改变微生物细胞间的通信，许多革兰氏阴性菌可利用信号分子来调节基因表达和种内通信。高温（700℃）条件下制备的生物质炭相比低温（300℃）条件下制备的生物质炭具有比表面积高、吸附信号分子（AHL）并阻断细胞间传递信号的作用，从而可影响微生物的生长。CC600相比CC250具有更大的比表面积，吸附信号分子的能力较强，在很大程度上可以阻断细胞间的信号传递，影响微生物的生长。因此，CC250促进菌株生长的能力较强，3种不同的生物质炭对菌株生长的影响效果为：CC250＞CC600＞CC400。

8.3.2 生物质炭固定化菌剂对阿特拉津的去除效果

为了分析 9 种不同的固定化菌剂、3 种不同比例不同种类的生物质炭和不同比例菌液降解阿特拉津的能力，将一定浓度的阿特拉津加入培养基中，待 2d 和 5d 后取样测定溶液中阿特拉津的浓度，测定的阿特拉津降解率如图 8-18 所示。图 8-18(a)、(b)、(c) 分别表示菌液与生物质炭比值为 1∶1、2∶1、3∶1 的不同类型生物质炭固定化菌剂对阿特拉津的降解效果，JN01 表示同一比例菌体对阿特拉津的降解效果，CC250、CC400 和 CC600 分别表示同一种类同一比例生物质炭对阿特拉津的降解效果，SCC250、SCC400 和 SCC600 分别表示生物质炭和菌液所组成的固定化菌剂对阿特拉津的去除效果。

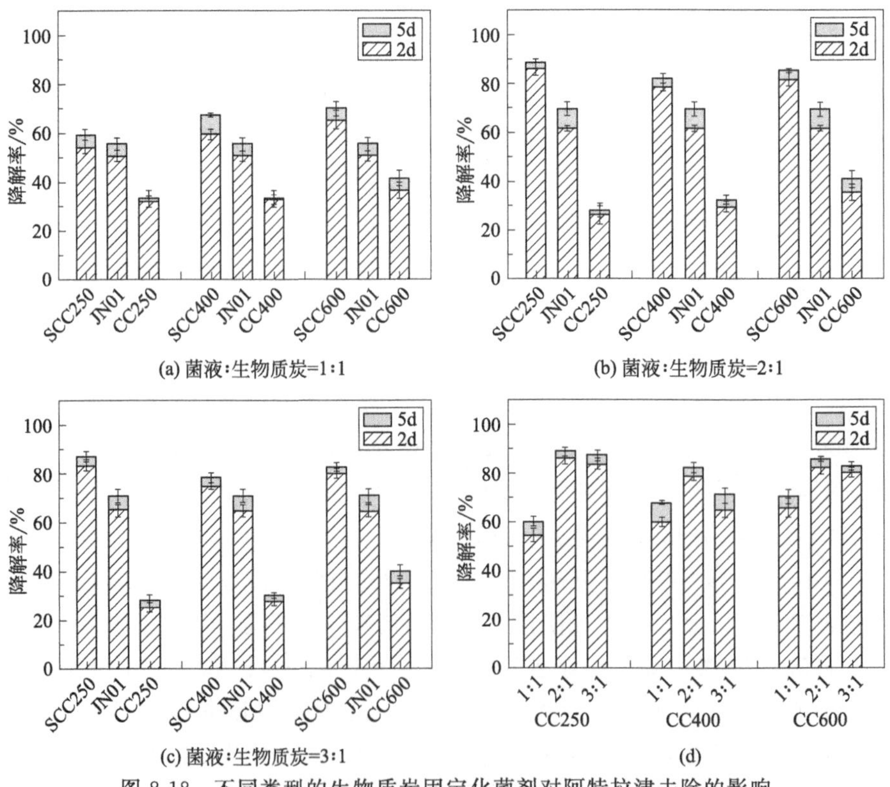

图 8-18 不同类型的生物质炭固定化菌剂对阿特拉津去除的影响

不同类型的生物质炭固定化菌剂对阿特拉津的降解率均大于单一菌株和单一生物质炭对阿特拉津的降解率。由图 8-18(a)、(b)、(c) 可知，1∶1、

2：1、3：1 的单一菌株在第 2 天对阿特拉津的降解率分别为 50.67%、61.56%、64.41%，在第 5 天对阿特拉津的降解率分别为 55.58%、69.49%、70.52%，表明阿特拉津的降解率随着菌量的增加呈逐渐升高的趋势，且随着降解时间的延长阿特拉津的降解率也呈上升趋势，并逐渐趋于平稳。而当菌液比例由 2：1 增加至 3：1 时，阿特拉津的降解率呈逐渐稳定趋势，降解率未明显提高，这可能是因为过多的菌体竞争有限的阿特拉津底物，导致细胞菌体营养受限，阿特拉津的降解率受到影响（Zhao，et al，2017）。赵昕悦等（2018）研究了不同接菌量对阿特拉津降解的影响，结果表明当接菌量从 1%增加至 3%时，阿特拉津降解呈显著上升趋势，而当接菌量增加至 5%时，阿特拉津降解率基本保持不变。由此可见，当接菌量达到一定程度后，再增加菌量并不会提高阿特拉津的降解率。

有研究表明，不同的原材料以及制备过程中的热解温度、传热速率、停留时间等工艺条件都会影响生物质炭的性能。为此，笔者研究了不同热解温度下制备的生物质炭（CC250、CC400、CC600）对阿特拉津的吸附效果，由图 8-18(a)、(b)、(c) 可知，增加生物质炭母液的比例可以提高对阿特拉津的吸附能力，CC250 由 27.64%增加至 33.22%，CC400 由 29.91%增加至 33.61%，CC600 由 39.77%增加至 41.64%。因此，3 种不同的生物质炭对阿特拉津的吸附效果为 CC600＞CC400＞CC250，表明 CC250 对阿特拉津的吸附效果较差，CC600 对阿特拉津的吸附效果较好。这可能是因为同一原材料制备的生物质炭，热解温度越高，微孔结构越多，比表面积越大，而 CC600 较大的比表面积以及多孔结构可以通过表面吸附作用和孔隙填充作用等吸附阿特拉津，表现出相对较强的吸附能力（李阿南，2016）。

Wang 等（2020b）研究了由花生壳在 300℃、450℃、600℃条件下热解生成的生物质炭对阿特拉津的吸附性能，结果表明高温生物质炭（BC600）在阿特拉津浓度较低时具有较高的吸附能力，且随着热解温度的升高，吸附量对总吸附量的贡献增大，高温花生壳生物质炭可以有效固定阿特拉津，并阻止其向地表或地下水中迁移。Zheng 等（2010）研究了废生物质在 450℃限氧条件下制得的生物质炭对阿特拉津的吸附性能，发现当生物质炭粒径为 0.24mm 时对阿特拉津的吸附容量为 31%，当生物质炭粒径为 0.125mm 时对阿特拉津的吸附容量为 44%，表明生物质炭的粒径对阿特拉津的吸附有影响。本实验所用的生物质炭粒径为 0.15mm，对生物质炭的最大吸附容量为 41.64%，研究结果与 Zheng 等的一致。

在生物降解过程中，不同浓度的生物质炭表面和孔隙结构均可吸附污染物。由图 8-18(a)、(b)、(c) 可知，菌株和生物质炭固定化菌剂对阿特拉津的生物降解效率远大于生物质炭对阿特拉津的吸附效率，表明对阿特拉津的去除作用主要是生物降解而不是吸附。从图 8-18(a) 中可以看出，当菌悬液与生物质炭母液比例为 1∶1 时，菌株的生长受到了不同程度的抑制作用，但生物质炭固定化菌剂对阿特拉津的生物降解效率仍大于菌株对阿特拉津的生物降解效率，表明当生物质炭浓度较高时，固定化菌剂中生物质炭过多的表面和孔隙结构对阿特拉津的吸附作用会导致菌株生长的碳源受到影响，同时对菌株的毒害作用减小，此时生物质炭因吸附作用会吸附大量的阿特拉津，因此当两者比例为 1∶1 时，固定化菌剂对阿特拉津的生物降解效率为 CC600＞CC400＞CC250，第 5 天对阿特拉津的生物降解效率分别为 69.76％、67.41％、61.88％。

由图 8-18(b)、(c) 可知，当两者比例为 2∶1 和 3∶1 时，具有相同的规律特征，且随着生物质炭浓度的增加，对菌株的生长促进作用也越明显，固定化菌剂对阿特拉津的生物降解效率也越明显。由图 8-18(b) 可知，当两者比例为 2∶1 时生物质炭固定化菌剂对阿特拉津的去除效率最好，对阿特拉津的生物降解效果为 SCC250＞SCC400＞SCC600。因此，SCC250 固定化菌剂对阿特拉津的生物降解效率最高，为 88.25％，明显高于单一菌株（69.49％）和生物质炭（28.01％）。

固定化菌剂具有较好的去除效率可能有两方面的原因：一方面，生物质炭提高了菌株的存活率，并能发挥稳定的降解性能；另一方面，生物质炭具有促进菌株生长的营养物质（吕吉利，2014）。Fu 等（2020）研究了由肉桂壳、花生壳生物质炭和假单胞菌 YT-11 制成的固定化菌剂对柴油的去除效果，结果表明当以 7.5g/L 的柴油为唯一碳源时，第 7 天对其去除率为 69.94％和 64.41％，远大于单一菌株对柴油的去除率，并且发现固定化菌剂的主要降解途径包括表面吸附、内部吸收和生物降解，降解前期以表面吸附为主，后期以生物降解为主。因此，以生物质炭为载体固定菌株可有效提高单一菌株对阿特拉津的去除效果。

第9章

硫酸盐还原菌对放射性污染物铼的去除

9.1 放射性核素概论

放射性核素也叫不稳定核素，是具有过剩的核能从而导致其不稳定的一类原子。这些过剩的能量可以自发从原子核中产生或发射出新的射线或新的粒子，也可以传递给原子中的电子，将其发射出去。

放射性核素自发释放出射线或粒子的这个过程也就是放射性核素在经历放射性衰变，这些发射出去的射线或粒子可以形成电离辐射，从而使不稳定的原子核趋于稳定，但有时也会继续衰变直到稳定为止。发射 α 粒子的核素叫 α 放射性核素，发射 β 粒子的核素叫 β 放射性核素。放射性核素衰变前的原子核叫母核，衰变后的剩余原子核叫子核。

放射性衰变是一个在单原子水平上的随机过程，对于某一个给定的原子，无法预测它的衰变时间。但是对于某个元素的一些原子而言，就可以通过计算实验测得的衰变常数得到它们的衰变速率及半衰期。放射性原子的半衰期持续时间的范围非常广，目前已知的短的半衰期和长的半衰期相差超过55个数量级。

所有化学元素都有放射性核素，某个元素的所有核素互为同位素。例如最轻的元素氢有三种同位素（氕、氘和氚），其中氕（H-1）和氘（H-2）是稳定核素，氚（H-3）是放射性核素。较重的元素，例如原子序数大于铅的元素（82号元素），以及锝（43号元素）和钷（61号元素），都只有放射性核素，所以这些元素也叫放射性元素。

放射性核素有天然来源和人工来源，即天然放射性核素和人工放射性核素。天然放射性核素是指天然存在的放射性核素，包括原生放射性核素和宇生放射性核素。原生放射性核素是从地球形成开始便一直存在于地壳中的放射性核素，以三大天然衰变系的核素、K-40为主，这些天然放射性核素都是长寿命的放射性核素。宇生放射性核素是宇宙射线与地球上的物质相互作用产生的（如H-3、Be-7、C-14、Na-22等）。

人工放射性核素可以通过核反应堆、粒子加速器或者从裂变产物中提取得到。大约有650种放射性核素的半衰期超过60min，其中34种是太阳系形成之前就存在的原生放射性核素，可以在自然界中探测到的另外50种是这些原生放射性核素衰变的子核或是宇宙射线照射到地球上而产生的。超过2400种放射性核素的半衰期是小于60min的，并且它们中的大多数是人造的且半衰期非常短。相比之下，稳定核素数量很少，只有大约288种。

放射性核素是具有特定质量数、质子数和核能态并具有放射性的一类原子。质子数相同而中子数不同的核素为某元素的同位素，若具有放射性则称为放射性同位素，非放射性同位素则称为稳定同位素。核素大多不稳定，即具有放射性，经过一次或多次衰变放出粒子和量子辐射直至形成稳定核。核内质子数和中子数都相同而原子核处于不同能量状态的核素，彼此称为同质异能素。原子核的蜕变包括原子核的衰变、核反应和核裂变等过程，在这些过程中均会产生放射性。核衰变的主要类型有α、β、γ衰变，此外还有中子发射、质子发射、裂变等。

放射性活度被用来描述放射性核素衰变的强弱，表示在单位时间间隔内发生的核衰变数。处于已知能量状态下的一定量的放射性核素的活度 A 是一个商值：$-dN/dt$；dN 是在时间间隔 dt 内，放射性核素由这一能量状态出发，自发转变的数目。放射性活度的单位为贝克（Bq），1Bq相当于每秒1次衰变，即现有一定量的放射性核素每秒衰变掉1个原子核则具有1Bq的活度。放射性活度的另一个常用单位是居里（Ci），$1Ci=3.7\times10^{10}Bq$。放射性活度的测量仪器为活度计、井型闪烁计数器和液体闪烁计数器，活度计可测量十几种至上百种放射性核素的活度，需用相应的标准源进行标定。

放射性核纯度是指特定放射性核素的活度占放射性总活度的百分比例，可用γ能谱仪检测。

放射性核素主要通过以下几种方法进行鉴别：a. 核素的特征半衰期；b. γ能谱法，即放射性核素的衰变纲图或能谱对照；c. 纯β放射性核素采用质量吸收系数法。

天然放射性核素主要通过天然提取方式获得，人工放射性核素则通过反应堆辐照或加速器打靶来制备。

人类每时每刻都在接受来自天然辐射源的辐射照射，天然辐射源包括外照射辐射源和内照射辐射源。外照射辐射源包括宇宙射线、宇生放射性核素、土壤和建筑材料中的天然放射性核素等；内照射辐射源包括吸入氡及其子体，其他天然放射性核素，以及通过食入途径摄入的K-40和其他放射性核素等。外照射与土壤和建筑材料中的U系、Th系放射性核素和K-40的含量直接相关，而吸入造成的内照射主要来自氡，氡的吸入内照射剂量约为人所接受的天然辐射源照射总剂量的1/2（潘自强，2007）。空气中的氡主要由土壤和建筑材料析出，通常建筑材料中的放射性又与本地区的岩石和土壤中相应放射性核素的含量有着非常密切的关系（林明媚等，2021）。

9.2 放射性核素锝

锝（Tc-99）是一种放射性核素，其半衰期长、放射性强，对人类生存具有潜在威胁（赵晶，2014）。43号元素锝在周期表中是一个相对特殊的元素，它的上下左右都是稳定元素，而它本身却是一种放射性元素。在自然界中，没有锝的稳定形式存在。锝是一种人工放射性元素，同时也是人类历史上第一种人工合成的元素（陈青川，1994）。锝的主要来源为反应堆中铀裂变产物。至20世纪80年代初还没有在地球上找到天然存在的锝。用氢在500～600℃还原硫化锝（Tc_2S_7）或过锝酸铵，可得金属锝。在硫酸溶液中电解过锝酸铵也可析出金属锝。锝的性质与同族元素铼相似。高温下锝与氧生成挥发性的氧化物Tc_2O_7。常见同位素Tc-97的半衰期为260万年，可用作制备β射线标准源。少量的（约5×10^{-5}mol）过锝酸铵可使钢材的腐蚀大为减慢。锝和锝钼合金具有良好的超导性质。1960年以前，锝只能小量生产，价格曾高达2800美元/g；20世纪70年代末已能进行千克量级生产，价格已下降到60美元/g以下。现在锝已经达到成吨级的产量，是从核燃料的裂变产物中提取的。金属锝抗氧化，在酸中溶解度不大，因此可用作原子能工业设备的防腐材料。该金属呈银白色，但通常获得的是灰色粉末，在潮湿的空气中缓慢失去光泽，在氧气中燃烧，溶于硝酸和硫酸。锝是地球上已知的最轻的没有稳定同位素的化学元素。

锝与铼是同族元素，具有相似的离子半径、核外电子排布、晶体结构、主要氧化态以及Eh-pH图（Anderson，et al，2006），二者化学性质非常接近，且铼比锝的标准电极电势低，比锝更难被还原。同时已有学者以铼作为锝的替代元素进行了研究，丁庆伟等（2012）使用实验室和计算机模型等多种不同方法进行了锝的动力学研究；Kim（2004）利用铼作为锝的替代元素，研究了聚合物对锝的吸附效果；赵晶等（2014）以铼作为锝的类似物研究黄铁矿对锝的去除效果。因此，学者们经常用铼模拟锝的化学行为（Kim，et al，2003），从而避免实验过程的污染。

锝的电化学性质介于铼和锰之间，更接近于铼。锝的重要化合物有氧化锝（两种）、卤化锝、硫化锝（两种）等。锝在空气中加热到500℃时，燃烧生成溶于水的Tc_2O_7：

$$4Tc+7O_2 \longrightarrow 2Tc_2O_7$$

锝在氟气中燃烧生成 TcF_5 和 TcF_6 的混合物，和氯气反应则生成 $TcCl_4$ 和其他含氯化合物的混合物。锝和硫反应生成 TcS_2。锝不和氮气反应。锝不溶于氢卤酸或氨性 H_2O_2 溶液中，但溶于中性或酸性的 H_2O_2 溶液中。

核电站的运行每年都会产生大量的 Tc-99，其半衰期长达 2.1×10^5 年，远远超过了工程屏障的有效期，一旦工程屏障失效，将在水中以高锝酸根（TcO_4^-）的形态存在，溶解性强，难以被土壤颗粒吸附，极易在地下水中迁移。

9.3 硫酸盐还原菌对放射性核素的处理

Lovely（1991）在20世纪90年代初期提出利用微生物以氢为电子供体将地下水环境中可溶性的六价铀转化为稳定的、溶解度很低的四价铀，进而防止其迁移扩散的设想。研究发现，SRB对于pH值和盐浓度具有一定的适应性，此外其可耐受不同的重金属和溶解的硫化物（Chang，et al，2001）。同时，Anderson等（2003）和Istok等（2004）也进行了微生物还原U（Ⅵ）的土柱试验和现场原位固定试验。利用SRB修复酸法地浸采铀地下水不仅可以去除地下水中的硫酸根离子和铀离子，在此过程中大多数重金属形成难溶物得以固定（Hard，et al，1997）。但试验过程中，硝酸根的存在会对SRB还原反应产生强烈的抑制作用（Finneran，et al，2002）。我国在利用硫酸盐还原菌处理酸法地浸采铀地下水污染的研究上也取得了一定的研究进展（易正戟等，2006；谭凯旋等，2007；周泉宇等，2009）。

一些研究者曾提出了SRB可用于还原高锝酸根的观点（Beasley，et al，1986；Henrot，1989；Pignolet，et al，1989）。1998年，Lloyd等首次通过实验研究证实了SRB具有还原高锝酸根的能力。在此基础上，利用静息态的固定化细胞在流式生物反应器中处理Tc(Ⅶ)，研究结果表明SRB具有处理含锝废水的应用潜力（Lloyd，et al，1999）。Lloyd等（2001）进一步研究了SRB对包括Tc(Ⅶ）在内的四种高价态金属离子的还原固定。结果表明，在温度30℃、H_2 作为电子供体的条件下，1h内SRB对Tc(Ⅶ）的固定率达90%，SRB对Tc(Ⅶ）的还原与氢化酶活性有关。2005年，Abdelouas等比较了富含有机质的土壤中不同微生物对Tc-99的去除效果，其中SRB对Tc的还原效率较高。同时，实验研究了pH值以及Tc(Ⅶ）浓度对处理效果的影响。

目前研究中采用的大部分 SRB 菌群适宜的生长环境是中性条件，关于 SRB 能够耐受的最低 pH 值尚有争议（李亚新和苏冰琴，2000）。而在岩石含有硫化物矿物质（通常为黄铁矿）的情况下，金属硫化物会发生氧化产生酸，引起周围环境的 pH 值降低，能否从自然界寻找分离出嗜酸性 SRB 菌群或者在不断提高环境酸度的条件下对 SRB 进行反复驯化培养以获得耐酸性的 SRB 变异品系，有待进一步研究。

此外，硫酸盐还原菌虽然可以通过自身的新陈代谢还原高价态的锝元素，但微生物的生长繁殖对其生存环境有一定的依赖性，当外界环境发生变化时，可能就会造成微生物数量的锐减甚至全部死亡。在深地质处置环境中，SRB 能否长期存活且保持活性尚不清楚。

硫酸盐还原菌是一类能进行硫酸盐异化还原反应的厌氧菌，其代谢产生的 S^{2-} 可以与重金属离子反应生成难溶的硫化物沉淀，达到去除硫酸盐、沉淀重金属和提高 pH 值的效果（刘金苓等，2017）。

9.4 实验方法

9.4.1 硫酸盐还原菌菌悬液的制备

本实验在 10%的菌接种量以及 5d 反应时间的条件下，研究 pH 值、温度及初始 ReO_4^- 浓度对硫酸盐还原菌还原固定高铼酸根的影响，通过单因素和正交实验，获取最佳反应条件，为我国长寿命核素高锝酸根的安全处置提供理论依据。

（1）硫酸盐还原菌的驯化培养

实验所用厌氧污泥来源于山西省山阴县大营村地下水井挖掘过程中 21m 处的土柱，土柱置于 30℃手套箱（Coy Laboratory）中厌氧处理 1 周。取土柱中心的土样置于无菌水中，采用稀释涂布法对硫酸盐还原菌进行富集培养 1 周。然后采用培养基进一步驯化培养，每周更换新鲜培养液，连续培养 4 周即获得实验用的混合 SRB 菌液。

（2）培养基配方

K_2HPO_4 0.50g/L，$(NH_4)_2SO_4$ 2.50g/L，$NaHCO_3$ 0.50g/L，$CaCl_2$ 0.2g/L，$MgSO_4$ 1.0g/L，乳酸钠 20mL/L，维生素 C 0.10g/L，半胱氨酸

盐酸盐 0.50g/L，酵母膏 1.50g/L，$(NH_4)_2Fe(SO_4)_2$ 0.50g/L。

（3）菌悬液的制备

首先将驯化后的混合 SRB 菌液重新培养 24h，然后将菌液在 8000r/min 的条件下离心 10min，弃上清液，收集菌体，采用无菌水配制成菌悬液（$OD_{600}=0.1$）。

9.4.2　铼标准曲线的制作

取配制好的 0μg/mL、0.2μg/mL、0.5μg/mL、1.0μg/mL、1.5μg/mL、2.0μg/mL、3.0μg/mL、5.0μg/mL 的铼标准储备液各 5mL，用 0.22μm 微滤膜抽滤，取抽滤完成液加入 0.5mL pH＝2.4 的 $Na_2HPO_4^-$ 柠檬酸缓冲液、0.5mL 5% 的 $(NH_4)_2SO_4$ 溶液，0.5mL 10% 的酒石酸和 1.5mL 0.1%的乙基紫，加水至 10.0mL，振荡摇匀，再加入 5.0mL 苯，于摇床振荡 10min，设置转速为 300r/min。振荡完成后静置 15min，有机相分层；使用移液枪吸取有机相置于离心试管中，设置转速 8000r/min，离心 2min，取上清液；将上清液置于石英比色皿中，在分光光度计（SP-756）上以浓度为 0 的铼标准储备液的上清液作为空白对照，于波长 610nm（王玉静等，2004）处测定吸光度，读数，绘制标准曲线。

9.4.3　检测方法

将处理后的样品离心，取上清液 5mL，并重复 9.4.2 过程，将上清液置于石英比色皿中，在分光光度计（SP-756）上以纯培养基的上清液作为空白对照，于波长 610nm 处测定吸光度。

9.4.4　分析方法

ReO_4^- 的降解率按以下公式计算：

$$\eta=\frac{C_0-C_t}{C_0}\times 100\% \tag{9-1}$$

式中　η——去除率，%；

C_0——ReO_4^- 的初始浓度，μg/mL；

C_t——反应 5d 后 ReO_4^- 的浓度，μg/mL。

9.5 单因素实验

9.5.1 pH值对菌株降解性能的影响

以培养基为基础，改变pH值因素，在恒温生物摇床上振荡培养5d后进行ReO_4^-去除率的测定与分析，各培养条件见表9-1。

表9-1 单因素水平表（pH值为单一变量）

组号	ReO_4^-初始浓度/(μg/mL)	pH值	培养温度/℃	菌悬液/mL	转速/(r/min)
1	10	4.5	30	1	150
2		5.5			
3		6.5			
4		7.5			
5		8.5			

9.5.2 温度对菌株降解性能的影响

以培养基为基础，改变培养温度因素，在恒温生物摇床上振荡培养5d后进行ReO_4^-去除率的测定与分析，各培养条件见表9-2。

表9-2 单因素水平表（培养温度为单一变量）

组号	ReO_4^-初始浓度/(μg/mL)	pH值	培养温度/℃	菌悬液/mL	转速/(r/min)
1	10	7.5	20	1	150
2			25		
3			30		
4			35		
5			40		

9.5.3 ReO_4^-初始浓度对菌株降解性能的影响

以培养基为基础，改变ReO_4^-初始浓度因素，在恒温生物摇床上振荡培养5d后进行ReO_4^-去除率的测定与分析，各培养条件见表9-3。

表 9-3　单因素水平表（ReO_4^- 初始浓度为单一变量）

组号	ReO_4^- 初始浓度/(μg/mL)	pH 值	培养温度/℃	菌悬液/mL	转速/(r/min)
1	5	7.5	30	1	150
2	10				
3	15				
4	20				
5	25				

9.6　正交实验

自单因素实验结果中各取 3 个较优水平，设计多因素正交实验，在恒温生物摇床上振荡培养 5d 后进行 ReO_4^- 去除率的测定与分析，确定最佳还原条件，其因素水平如表 9-4 所列。

表 9-4　正交实验因素水平表

因素	水平		
	1	2	3
ReO_4^- 浓度/(μg/mL)	5	10	15
pH 值	5.5	6.5	7.5
培养温度/℃	25	30	35

9.7　结果与分析

9.7.1　铼标准曲线

将上清液置于石英比色皿中，在分光光度计（SP-756）上以浓度为 0 的铼标准储备液的上清液作为空白对照，于波长 610nm（王玉静等，2004）处测定吸光度，读数，绘制标准曲线，如图 9-1 所示。

9.7.2　pH 值对菌株降解性能的影响

由图 9-2 可知，在培养温度为 30℃、ReO_4^- 初始浓度为 10μg/mL 的条

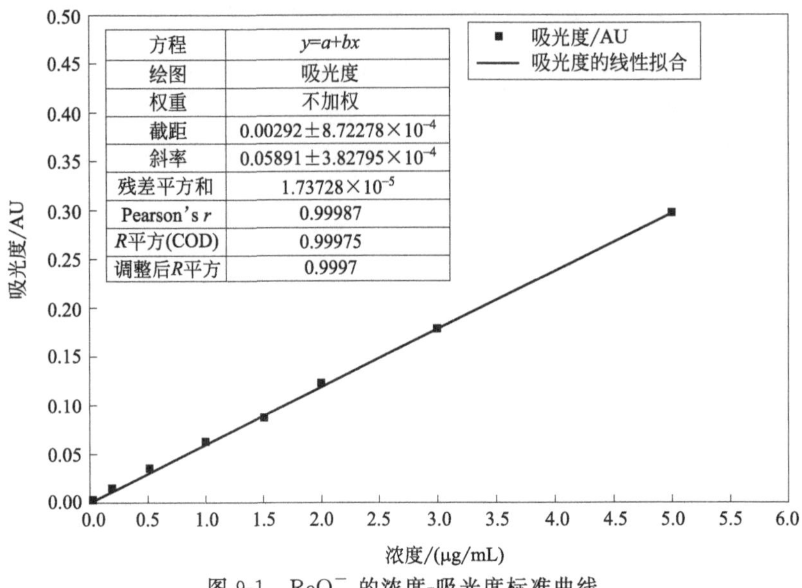

图 9-1 ReO_4^- 的浓度-吸光度标准曲线

件下，SRB 菌种的最适 pH 值为 7.5，去除率达 57.94%。当 pH 值在 4.5～7.5 范围内时，去除率为 22.49%～57.94%，而当 pH 值增加到 8.5 时去除率下降为 35.21%。国内外的研究表明，pH 值是影响 SRB 活力的主要因素

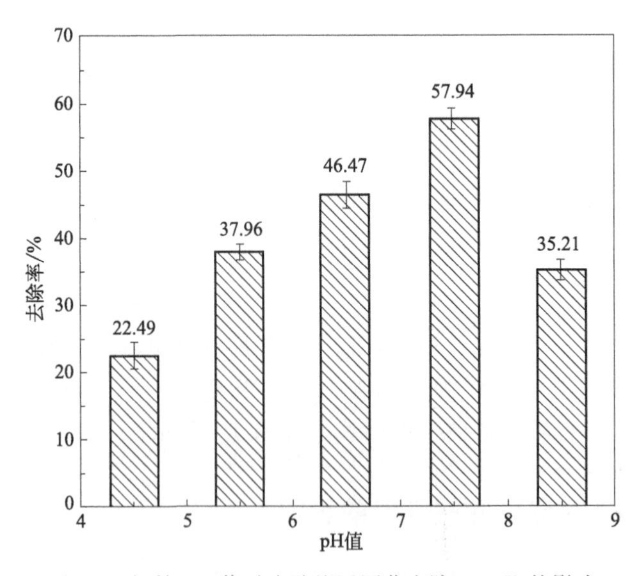

图 9-2 初始 pH 值对硫酸盐还原菌去除 ReO_4^- 的影响

（李想等，2017），不同 pH 值条件下 SRB 菌群生长繁殖的速率会有差异（胡汉祥等，2013）。在 5～8 范围内，pH 值的升高可促进硫酸盐还原菌的大量生长（黄志等，2013），其适宜生长的 pH 值范围为 7.0～7.5，在 7.16 时生长最旺盛，代谢能力最强（马保国等，2008；陈炜婷等，2014）。pH 值可以引起细胞膜电位的变化，从而影响微生物对底物的吸收（郑强，2009）。有研究表明，微酸性条件对硫酸盐还原有负影响，当 pH 值低于 5 时 SRB 就会失活（Kikot，et al，2010）；在 pH 值高于 9 的环境下，SRB 还原硫酸盐产生的 H_2S 对其本身产生抑制作用，其生长受限（许雅玲等，2010），对金属的去除率下降。同时，由于 SRB 在 pH 值为 7.5 的环境下生长旺盛，导致大量 H^+ 被消耗，使得 pH 值升高（焦迪等，2010），导致对 ReO_4^- 的去除效率更低。

9.7.3　温度对菌株降解性能的影响

由图 9-3 可知，在 pH 值为 7.5 以及 ReO_4^- 初始浓度为 10μg/mL 的条件下，SRB 菌种的最适温度为 35℃，去除率为 63.01%。当温度在 25～35℃范围内，去除率随着温度上升而增大。在 20℃和 40℃时，去除率都相对较低，分别仅为 25.37%和 36.52%。据国内外的研究表明，温度是影响

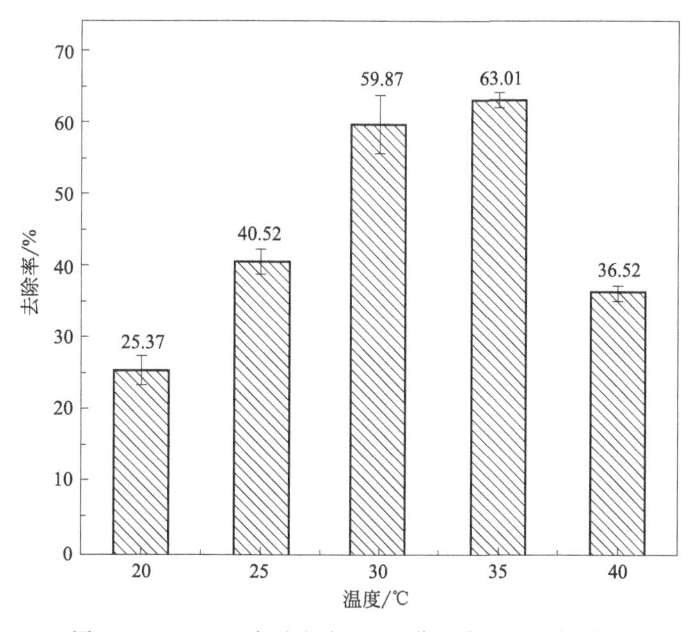

图 9-3　ReO_4^- 温度对硫酸盐还原菌去除 ReO_4^- 的影响

硫酸盐还原菌的重要环境因素，它直接决定 SRB 的生长速率和代谢活性（王继勇等，2018），温度太低或太高均会抑制 SRB 的生长代谢活动（李俊叶等，2010）。温度太低，SRB 细胞膜的流动性和生物大分子活性受到影响，造成 SRB 存活率降低（郑强，2009）；温度太高，生物膜脂蛋白结构发生改变，膜通透性增加（Zeng，et al，2019），细胞膜中的脂质溶化，膜中出现小孔，造成细胞内含物泄漏，细胞内的大分子物质也会发生不可逆的改变，导致参加生化反应的功能丧失，SRB 生长受限（王辉，2011）。

9.7.4 ReO_4^- 初始浓度对菌株降解性能的影响

由图 9-4 可知，在培养温度为 30℃、pH 值为 7.5 的条件下，当 ReO_4^- 初始浓度为 10μg/mL 时，SRB 具有较高的降解能力，去除率达到 61.23%。随着 ReO_4^- 初始浓度逐渐增加，降解效率逐渐降低。有研究表明，SRB 的还原效率随着重金属浓度降低而增加，ReO_4^- 的毒性作用主要表现在对化学需氧量（COD）、酶的代谢活性、细菌浓度或生物膜厚度等方面的影响（Jing，et al，2017）。当 ReO_4^- 浓度增加到 15μg/mL 时，SRB 的还原效率降低，导致部分 ReO_4^- 无法与 H_2S 反应，去除率降低。当 ReO_4^- 浓度增加

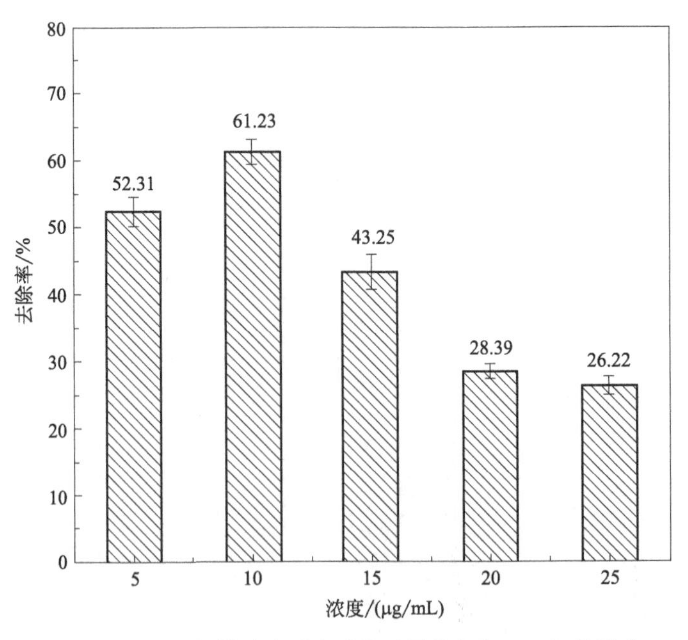

图 9-4　ReO_4^- 初始浓度对硫酸盐还原菌去除 ReO_4^- 的影响

到 20μg/mL 和 25μg/mL 时，会引起 SRB 酶活性降低、蛋白质变性，与必需阳离子竞争（Teclu，et al，2006）导致细胞器的破裂和膜的完整性破坏，从而抑制 SRB 的生长和代谢（Alexandrino，et al，2011；Bridge，et al，1999；王继勇等，2018）。

王辉等（2011）对 Cu^{2+}、Zn^{2+}、Cd^{2+} 和 Pb^{2+} 四种重金属离子的研究发现，高浓度的重金属均对 SRB 产生抑制作用，且抑制作用随着浓度的增加而增强，抑制作用大小依次为 $Cd^{2+}>Cu^{2+}>Zn^{2+}>Pb^{2+}$，且当 Cu^{2+} 浓度大于 10mg/L 时其对 SRB 的毒性增强，影响 SO_4^{2-} 的还原过程。姜勇等（2018）对 Fe^{2+} 的研究发现，当 Fe^{2+} 浓度从 100mg/L 增加到 150～300mg/L 时，培养 7d 对 SO_4^{2-} 的去除率从 93%以上降到 63%。

9.7.5　正交实验条件对 ReO_4^- 去除率的影响

实验选用高铼酸根浓度、pH 值、温度 3 个影响因素，每个因素分 3 个水平。选用正交表 L9（33）安排实验，设计因素水平见表 9-1～表 9-3。

本实验选用 L9（33）正交表（李金龙等，2018），其各因素重要性及其最优水平组合可见表 9-5。

表 9-5　实验方案的设计及其结果的直观分析

实验号	因素			ReO_4^- 去除率/%
	ReO_4^- 浓度/(μg/mL)	pH 值	培养温度/℃	
1	5	5.5	25	0.4310
2	5	6.5	30	0.5211
3	5	7.5	35	0.6421
4	10	5.5	30	0.3853
5	10	6.5	35	0.4657
6	10	7.5	25	0.4160
7	15	5.5	35	0.4447
8	15	6.5	25	0.3663
9	15	7.5	30	0.4395
T_{i1}	1.5942	1.261	1.2133	
T_{i2}	1.267	1.3531	1.3459	
T_{i3}	1.2505	1.4976	1.5525	
$\overline{K}_{i1}$	0.5314	0.4203	0.4044	

续表

实验号	因素			ReO_4^- 去除率/%
	ReO_4^- 浓度/(μg/mL)	pH 值	培养温度/℃	
$\overline{K}_{i2}$	0.4223	0.4510	0.4486	
$\overline{K}_{i3}$	0.4168	0.4992	0.5175	
R	0.1146	0.0789	0.1131	
较优水平	5	7.5	35	
因子主次	1	3	2	

正交实验结果如表 9-5 所列。表 9-5 中 T 表示实验总和指标，为某一因素某一水平的去除率之和，其中 T_{i1} 为每个因素的第一个水平的去除率之和。$\overline{K}$ 表示平均实验指标，为某一因素某一水平的平均去除率，其中 $\overline{K}_{i1}$ 为每个因素的第一个水平的平均去除率，且根据每个因素在不同水平下的指标 $\overline{K}_{i1}$、$\overline{K}_{i2}$、$\overline{K}_{i3}$，可选取其各自因素条件下的最大值为最优水平组合（pH 值为 7.5，培养温度为 35℃，ReO_4^- 初始浓度为 5μg/mL）。表中 R 表示极差，是同一因素的 $\overline{K}_{i1}$、$\overline{K}_{i2}$、$\overline{K}_{i3}$ 中最大值减去最小值之差，因素的极差 R 越大，则该因素对实验指标的影响也就越显著。

有研究表明，SRB 去除水中的 ReO_4^- 受多因素之间的相互影响。通过正交实验可知，高铼酸根的初始浓度是 SRB 去除水中 ReO_4^- 的主要影响因素，这主要是因为放射性重金属对 SRB 生物膜有一定的毒害作用，影响了硫酸盐还原菌的生物代谢（汪爱河等，2011），且随着浓度的升高，SRB 的代谢活性受到抑制（刘凯等，2019），ReO_4^- 的去除率降低。当 pH 值接近中性时，SRB 的酶活性不断增强，ReO_4^- 的去除率增强（刘凯等，2019），且大多数硫酸盐还原菌是中温菌，最适生长温度为 30～35℃（王辉，2011）。

结果显示，高铼酸根的初始浓度对 SRB 还原的影响较大，其次是培养温度的影响，最后是溶液的初始 pH 值。当 ReO_4^- 初始浓度为 5μg/mL，pH 值为 7.5，温度为 35℃时，高铼酸根的去除效果最好，可达 64.21%。

9.7.6 结论

硫酸盐还原菌对高铼酸根具有一定的去除率。实验结果表明，高铼酸根的初始浓度是影响去除率的主要因素，其次是温度以及 pH 值对其的影响。

在单因素实验条件下，当高铼酸根初始浓度为 10μg/mL、pH 值为

7.5、温度为 30℃时，硫酸盐还原菌对高铼酸根的去除效果最好，去除率可达 63.01％。

在正交实验条件下，当高铼酸根初始浓度为 5μg/mL、pH 值为 7.5、温度为 35℃时，硫酸盐还原菌对高铼酸根的去除效果最好，去除率可达 64.21％。

由于放射性物质实验的局限性，实验中以铼替代锝，此实验结果对于高锝酸根的处理，及对土壤和地下水环境条件下的核废物处置具有一定的指导意义。

第10章

污染土壤环境管理与修复对策

10.1　土壤污染的生物修复

土壤作为一种环境介质，具有一些较独特的性质，如土壤的地域性差异、土壤生态系统的复杂性、土壤的不可流动性等决定了土壤污染要比水污染或空气污染更复杂，治理的难度更大。土壤微生物的多样性是另一个重要特征。土壤中栖息有细菌、真菌、原生动物和藻类等多个门类的微生物，且许多生物本身就与土壤的发育和形成相关联。土壤中的生物种类与土壤的类型和地理分布有关，也受土壤中生长着的植物的影响很大。土壤中的植物根系和各种微生物个体或细胞还会分泌一些具有生物活性的酶类物质，这些酶的体外活性实际上赋予了土壤的生命特征。而所有这些特性都是生物修复研究和生物修复工程所必需的特征。

生物修复必须满足一定的目标，即将土壤中某种污染物降解到某一标准值以下或者检测限以下。土壤在一定的深度与地下水形成一个密不可分的系统，因此可根据土壤与地下水的关系将土壤分为若干层，如表层、渗滤层、不饱和层和饱和层（或含水层）。在不同的层次，微生物的种类和污染物的性质都会有所不同，不同层次的土壤施行生物修复时的方法和措施也不相同。适合于土壤原位生物修复的方法主要有生物通气法、生物搅拌法和泵出处理法；而适合于土壤异位生物修复的方法较多，如填埋处理、耕作法、堆腐法、生物反应器法等。近年来，随着科学技术的快速发展，污染土壤的修复处理技术也逐渐成熟。

土壤污染生物修复的主要污染物质是有机污染物，可通过土壤生态系统中微生物的生长代谢，利用和降解污染物质。然而，土壤生态系统中的微生物对去除重金属一类的污染物质效果较差，因为即使微生物能吸收重金属，而当微生物细胞死亡时，这些重金属又会回到土壤中重新成为污染物质。一些难降解有机污染物会使得土壤生物修复的时间延长，而不利于环境生物修复技术的推广。但是，随着生物修复技术研究的不断发展，生物修复技术必将成为解决土壤污染问题的重要技术方法和手段。

硫酸盐还原菌（SRB）作为生物修复大军中的一员，具有去除污染水体或土壤中有机物的能力，能够利用复杂有机分子作为电子供体或电子受体。据统计，SRB可以氧化超过100种不同的有机化合物，但不同种类SRB只能利用几种不同的有机化合物作为电子供体。Musat（2008）和Safinowski等（2006）表明SRB可以将苯转化为苯甲酸，而SRB降解萘的初始步骤是将其甲基化为 2-甲基萘，而后氧化为 2-萘酸，从而达到去除效果。SRB 的特定菌株也能够在硫酸盐缺乏环境中将氯乙烯作为电子受体，产生脱卤作用（Drzyzga，et al，2001）。同时，SRB 也可以使用 TNT 和其他几种硝基芳香化合物作为电子受体，以 TNT 为氮源，将其还原脱氮为胺（Moura，et al，2007）。

硫酸盐还原菌处理污染土壤的优势如下：可处理的重金属种类多；处理潜力大；处理彻底，工艺稳定；可以以废治废，反应所需的 SO_4^{2-} 在多数重金属污染物中都大量存在；处理费用低等。

10.2 当前污染场地土壤环境管理与修复存在问题

10.2.1 污染场地信息不全面

引发污染场地土壤污染的原因较多，在化工厂、建筑场地等搬迁后场地会存在一定程度污染，严重时甚至会污染临近地区土壤。虽然国家提升了对治理土壤污染工作的重视，但却未明确受污染土壤的地理位置。同时，土壤污染修复中，对具体的污染物类型、污染程度等信息未全面掌握，也会影响污染土壤治理方案设计工作。因此，在污染土壤环境管理工作中，需要做好污染情况的调查工作，调查工作需要依赖对核心数据的分析，但数据库建设工作不能满足工程要求，调查工作难以顺利开展。污染环境的治理工作缺乏合理的规划统筹安排，工作也难以顺利、有效推进。

10.2.2 缺乏完善的法律法规体系

有关土壤污染防治的法律规定分布在综合法律、个别单独的环境保护法律、资源保护法律和资源保护法规等不同的法规中，缺乏用于保护土壤作为环境要素的单独法律，法规文件方面也缺少土壤污染的预防和处理规定。当前的土壤环境质量要求范围还不够，覆盖范围太小，没有详细的、统一的管理标准，导致监管工作无法可依。如场地出让与开发程序缺乏环保部门监管环节；污染场地治理与修复的责任主体不明，因而治理修复工作难以落实；缺乏有所区别的、场地针对性的污染场地环境质量评价、风险划分和修复评估的标准与技术应用规范。因此，全面依法治国视域下需尽快完善土壤污染修复与管理工作法规，确保相关工作有法可依。

10.2.3　管理目标不明确

虽然我国在近些年来已经逐渐意识到土壤污染的危害，中央以及各地方政府都相应出台了关于污染场地土壤环境管理以及修复的相关政策，政策中明确了改善土壤污染情况的内容。但是相关管理部门在进行工作的过程中却没有明确相关工作的管理目标，这样就很大程度地降低了管理工作的实际效率，导致在落实政策的过程中对该工作重视不足、监管不到位，使得相关工作无法正常进行。

10.2.4　未建立明确的责任主体

我国环境污染加重，严重影响到人们的生产生活。近年来，人们环保理念增强，此情况下必须科学开展污染场地土壤修复工作。乡县企业和城镇企业都应重视污染防治工作，但目前修复与管理工作一直不能向前推进。《环境保护法》对环境污染主体做出了明确规定，要求谁污染谁负责，污染者必须担负起相应的治理费用。但在实际污染场地土壤修复工作中，并未落实好这一治理原则。

① 污染场地土壤修复缺乏明确的责任主体，相关法律法规中对污染修复主体规定并不明确，企业只关心利益不关心施工现场的安全和施工技术支持。

② 各地区企业较多，且生产活动并不一致，难以判定土壤污染主要责任者。

③ 所有地区存在的企业都不会长期不变，造成污染的企业搬离这一区域，导致相关部门无法确定污染责任主体。

10.2.5　资金投入不足

充足的资金是顺利完成污染场地土壤环境管理、修复工作的保障。缺乏必要的资金支持，会加大相关工作难度。由于污染场地土壤环境的修复工作是一个复杂且长期的工程，其需要的技术水平也较高，土壤受到污染不是即时体现出来的，它具有滞后性以及隐蔽性的特征，因此整个工作需要的时间较长，需要的技术以及资金支持较高。想要有效、有序地进行工作，需要大量经费支撑，这对资金投入方的压力是巨大的。在污染场地治理过程中，往往需要投入大量的资金，但政府相关投入往往不足，导致很多污染治理工作不能及时开展，修复治理效果大打折扣。而当前污染场地治理责任人比较分散，缺乏明确责任主体，则难以确定污染土壤责任主体，导致出现无人管理负责的局面。此时则由当地政府部门予以负责，而这无疑会导致政府的经济负担进一步提升。

10.3 污染场地土壤环境管理与修复对策探究

10.3.1 做好规划与信息统计工作

① 应合理划分和确认污染场地土壤污染等级。首先，需要计算出污染物对土壤的各个指标影响的概率，并将各指标的变化率进行平均；其次，对指标变化率的平均值再进行加权平均，以加权平均变化率为主要判别依据，综合相关标准值对土壤污染程度等级进行合理划分；最后，根据其污染程度制订治理方案。

② 相关部门需要构建污染场地土壤污染的信息管理系统，以此来及时发现出现的问题，对问题的成因、危害程度以及解决方法进行有效思考，随着信息管理系统的完善，就能够逐渐实现对污染土壤类型、特点、分布区域、危害污染物含量、污染等级、地形地势特点等内容的全方面掌握。以此为基础构建起一个清晰的全国污染场地土壤环境监控网络，从而可更加全面有效地掌握我国各个区域的实际土壤信息，这不仅有助于全国土壤管理工作的顺利展开，同时可大大提升管理工作的前瞻性，一方面可以提升工作效率，另一方面也有助于降低工作成本。此外，随着当前计算机技术的飞速发展，还可以以此为基础完成对不同类型污染场地间数据的比较分析，进而搭建一个信息共享平台，让全国各地的工作人员都可以通过这一平台及时有效地获取所需的土壤环境信息与成功工作经验，这对于全国范围内土壤环境整体管理与修复工作效率的提升无疑具有重要意义。

③ 科学统计治理区域使用的资金。当前我国各地区污染场地土壤环境治理中，经费支出主体不统一，有依靠政府支持的，也有企业赞助的，需详加分析并记录好，方便明确资金投入。

10.3.2 明确相关法律法规

在全面依法治国视域下，要尽快出台污染场地土壤环境管理行业法律法规，并在其中明确执行保证。为保证法规普适性，首先需充分考虑污染防治、风险管控、污染状况普查、重点区域监管、调查、评估和修复等几方面内容，明确污染者经济责任，针对今后污染者行为进行法律制裁，采取边治理边管理的策略，避免类似情况的再次发生。

然后，制定土壤污染管理工作流程，要有环保部门监管数据和污染修复技术支持者、修复质量检查监督人员，明确各方职责，以便各环节有具体负责人。还要制定汇报制度，定期由权威部门公布土地污染和治理情况，公开透明，为了解我国土壤环节综合治理制度、修订相关法律法规提供依据。当前应尽快制定《工矿用地土壤环境管理办法》等制度；各地有关部门应研究有利于土壤污染防治的税收、信贷、补贴等经济政策；鼓励有机肥生产和使用、废旧农膜回收加工使用；建立建设目的用地土壤环境质量评估与备案制度以及污染土壤调查、评估和修复制度，明确治理、修复的责任主体和要求。为污染场地土壤环境处理提供助力和支持，值得加大重视程度。

10.3.3　制定科学完善的管理制度

制定相关管理制度要把握好几个层面内容。

① 污染场地土壤环境管理工作内部管理制度，主要是针对具体工作流程与环境，例如岗位职责、职业能力等。

② 构建便利各部门协调合作的管理制度，包括国土资源、发改委和土壤污染与环境质量部门等，发动有效力量推进治理活动。

③ 在土壤环境管理制度中要纳入风险管理，提高修复土地的创造价值与投资的匹配度，做好风险规避，增强投资企业社会效益，使管理工作顺利进行。

④ 要完善验收审批制度，完成治理工作后及时验收检测，合格才可开发利用，并向当地环保主管部门报批。

10.3.4　明确责任主体

在修复污染场地土壤环境过程中，特别强调“污染者担责”，明确土壤污染责任人负有实施土壤污染风险管控的义务，土壤污染责任人无法认定的由土地使用权人承担；土壤污染责任人变更的，由变更后承继其债权、债务的单位或者个人履行相关土壤污染风险管控和修复义务。地方各级人民政府生态环境主管部门对土壤污染防治工作实施统一监督管理，其他主管部门在各自职责范围内对土壤污染防治工作实施监督管理，形成工作合力。国家鼓励和支持有关当事人自愿实施土壤污染风险管控和修复。

政府部门应针对企业迁出厂区情况，积极引导企业履行自身责任，并与相关部门合作共同开展土壤修复工作。全面深入调查研究各地工业园区分期生产活动中生态环境污染情况，根据调查结果明确划分各园区具体责任，引导企业协商解决。对于逃避自身环境修复责任、拒绝沟通的企业，应依法进行处罚。

10.3.5 合理管理和分配资金

污染场地土壤环境管理与修复工作需要大量资金支持，要保证财政安全。

① 需要受污染地方政府开展详细的预算分析，根据污染现状调整资金比例。

③ 应用市场原理，依照“谁控制谁受益”的原则吸引投资者，利用其资金开展修复工作，避免资金不足问题。

③ 地方政府应当适当提出优惠政策，根据当地实际情况制定，鼓励企业投资，实现可持续发展。

④ 构建专业修复人才队伍。我国对土壤污染的重视程度不够，投入的修复经费不足。对此，我国应加大对土壤污染的科研投入，将土壤污染研究纳入国家财政预算范围，为研究土壤污染创造良好的科研条件，鼓励各个高校制定研究计划、构建行业文化，团结更多力量来推动土壤环境治理工作。

目前我国土壤的污染情况较为严峻，污染范围较大，污染原因多，土壤污染具有潜在性、不可逆性、长久性及后续严重性。随着人们对环境安全的需求，土壤污染问题应当受到重视，对污染场地土壤环境的现状调查要积极落实到位。土壤环境管理与修复工作质量，直接影响着土壤环境污染程度，关系着生态环境与人们健康安全，因此需采取有效对策提高土壤污染防治工作成效，维护土壤环境，使得生态环境能够良好发展。

10.3.6 硫酸盐还原菌应用前景及趋势

从长远来看，驯化高效耐受的菌株是利用硫酸盐还原菌处理污染物的主要发展方向。在不同的条件下，被污染场地的污染成分不同，硫酸盐还原菌的处理效果也有所差异，所以加强硫酸盐还原菌的人工驯化，确定其最佳生长条件（如碳源、pH 值、温度等条件），以培养更加适应环境变化、处理高效的菌株，增强硫酸盐还原菌处理能力等，是国内外研究人员的主要研究方向。

此外，利用多种处理方法结合，例如将物理、化学、生物等方法中处理高效的部分相结合，使处理模式由单一型转为复合型，会大幅度提高硫酸盐还原菌的处理效率，同时具有降低处理成本、无二次污染等一系列优点。虽然硫酸盐还原菌在实际应用中仍存在一定问题，但随着研究的深入，硫酸盐还原菌处理污染场地一定会有更大的发展空间。

参考文献

常乐，王丽霞 . 2020. 莠去津对春谷田杂草的防除效果 [J] 山西农业科学，48 (1)：92-95.

陈建军，何月秋，祖艳群，等 . 2010. 除草剂阿特拉津的生态风险与植物修复研究进展 [J]. 农业环境科学学报，29：289-293.

陈建军，李明锐，张坤，等 . 2014. 几种植物对土壤中阿特拉津的吸收富集特征及去除效率研究 [J]. 农业环境科学学报，33 (12)：2368-2373.

陈青川 . 1994. 锝元素的发现 [J]，化学教学，9：35-36.

陈珊，丁咸庆，祝贞科，等 . 2016. 秸秆还田对外源氮在土壤中转化及其微生物响应的影响 [J]. 环境科学学报，36 (5)：246-254.

陈士林，庞晓慧，罗焜，等 . 2013. 生物资源的 DNA 条形码技术 . 生命科学，25 (5)：458-466.

陈炜婷，张鸿郭，陈永亨，等 . 2014. pH、温度及初始铊浓度对硫酸盐还原菌脱铊的影响 [J]. 环境工程学报，8 (10)：4015-4019.

陈晓，钱宗耀，朱赫特，等 . 2019. 望虞河西岸九里河四种除草剂的污染现状 [J]. 环境监测与预警，11 (6)：36-40，46.

陈学国，滕姣，赵丹，等 . 2019. 莠去津及代谢物研究进展 [J]. 福建分析测试，28 (02)：23-28.

程健明，汤浩，魏刚，等 . 2014. 利用硫酸盐还原菌处理含重金属离子酸性废水研究进展 [J]. 广东化工，9 (41)：91-92.

代先祝，蒋建东，顾立锋，等 . 2007. 阿特拉津降解菌 SA1 的分离鉴定及其降解特性研究 [J]. 微生物学报，47 (3)：544-547.

丁庆伟，钱天伟，杨帆，等 . 2012. 零价纳米铁还原 Tc (Ⅶ) 的动力学研究 [J]. 中北大学学报，33 (3)：320-323.

丁蕊 . 2020. 新能源作为 SBR 电子供体处理煤矿酸性废水的研究 [J]. 中国资源综合利用，38 (11)：17-18，22.

东秀珠，蔡妙英 . 2001. 常见细菌系统鉴定手册 [M]. 北京：科学出版社 .

段黎，皮科武 . 2016. 硫酸盐还原菌的驯化及硫酸盐降解动力学研究 [J]. 湖北工业大学学报，31 (2)：116-120.

高峰 . 2014. 化学除草剂的除草原理及应用 [J]. 山西林业，1：32-33.

郭静仪，尹华，彭辉，等 . 2005. 木屑固定除油菌处理含油废水的研究 [J]. 生态科学，24 (2)：154-157.

国家统计局，中国城市建设统计年鉴 (2007—2016) [M]. 北京：中国统计出版社 .

国家统计局，环境保护部 . 中国环境年鉴 [M]. 北京：中国环境年鉴社 .

韩佳霖 . 2015. 除草剂阿特拉津的污染与治理方法研究 [J]. 科技展望，25 (17)：75.

胡汉祥，孙爱明，唐新德，等 . 2013. 固定化 SRB 污泥处理含镉离子废水 [J]. 应用化工，42 (7)：1234-1237.

黄玉芬，魏岚，李翔，等 . 2020. 不同裂解温度稻壳生物炭对阿特拉津的吸附行为及机制 [J]. 环境科学研究，33 (8)：1919-1928.

黄志，徐建平，马春艳，等 . 2013. 硫酸盐还原菌处理重金属离子 [J]. 重庆理工大学学报（自然科学），27（3）：43-46.

火艳丽，薛林贵，常思静，等 . 2020. 一株耐铁细菌的筛选与培养及其重金属耐受性研究 [J]. 兰州交通大学学报，39（5）：89-95.

吉莉，李娜，王新明，等 . 2020. 硫酸盐还原菌处理含高铼酸根离子废水研究 [J]. 山西大学学报. 44（3）：617-624.

吉莉，谢树莲，冯佳 . 2010. 藻类叶绿体基因组研究进展 [J]. 西北植物学报，30（1）：208-214.

姜勇，李亚，陈伟燕，等 . 2018. 煤化工废水中影响硫酸盐还原菌还原特性的因素 [J] . 煤炭加工与综合利用，10：38-42.

焦迪，李进，李娟，等 . 2010. 硫酸盐还原菌在中水中的分离及生长特性研究 [J]. 环境科学与技术，33（10）：64-67.

金研铭，徐惠风，李艳 . 2010. 阿特拉津和汞胁迫对波斯菊种子萌发及生长的影响 [J]. 安徽农业科学，38（7）：3384-3385.

李阿南 . 2016. 表面活性剂强化生物炭固字铜绿假单胞菌及对水中芘的去除 [D] . 杭州：浙江工商大学 .

李福德 . 1994. 微生物治理电镀废水新技术 [P]：CN 1096769A. 1994-12-28.

李建军，叶广运，陈进林，等 . 2009. 一株硫酸盐还原菌的分离鉴定和系统发育分析 [J]. 微生物学通报，36（10）：1476-1482.

李金龙，綦峥，梁金钟，等 . 2018. 正交实验对植物乳杆菌 Lb-30 硒化的多因素条件筛选 [J]. 公共卫生管理与实践，34（6）：787-791.

李俊叶，黄伟波，王筱兰，等 . 2010. 硫酸盐还原菌的筛选及生理特性研究 [J]. 安徽农业科学，38（29）：92-93.

李娜，吉莉，张桂香 . 2020. 除草剂阿特拉津生物降解研究进展 [J] 太原科技大学学报，41（2）：158-164.

李想，周俊，王婷，等 . 2017. 硫酸盐还原菌对多环芳烃降解的研究进展综述 [J]. 净水技术，36（3）：38-44.

李晓微 . 2017. 阿特拉津降解菌 AT2 的分离鉴定及其模拟土壤修复研究 [J]. 黑龙江环境通报，41（4）：88-94.

李亚新，苏冰琴 . 2000. 硫酸盐还原菌和酸性矿山废水的生物处理 [J]. 环境污染治理技术与设备，1（5）：1-11.

李阳阳，张金波，沙君雪，等 . 2018. 阿特拉津降解菌 LY-2 的分离鉴定及其对污染土壤的修复 [J]. 农业生物技术学报，26（06）：987-994.

李一凡，宋晓梅，刘颖 . 2012. 除草剂阿特拉津的污染与降解 [J]. 农业与技术，32（12）：5-6.

李玉姣 . 2015. 生物质炭及其复合材料的制备及应用性能研究 [D] . 长春：吉林大学 .

廖翀，皇甫鑫，杨坪，等 . 2013. 7 种化合物对新月藻的毒性效应及敏感度差异研究 [J]. 中国环境监测，29（4）：152-156.

林惠娇，蒋湘，王新国，等 . 2013. DNA 条形码技术及其在真菌研究中的应用 . 植物检疫，27（2）：11-18.

林明媚，彭崇，周花珑，等 . 2021. 广西土壤中天然放射性核素含量调查及外照射水平估算研究

[J]. 广东化工，48（12）：71-72，86.
刘丹丹，刘畅，刘长风，等.2016. 降解菌 *Pseudomonas* sp. 对阿特拉津的降解条件优化［J]. 贵州农业科学，44（10）：46-49.
刘金苓，赵本良，黄斯婷，等.2017. 生物硫酸盐还原过程及其在重金属废水处理中的应用［J]. 广东化工，13（44）：125-127.
刘凯，赵侣璇，黄业翔.2019. 硫酸盐还原菌处理铅、锌、锑尾矿库含锑废水的研究［J]. 环境科技，32（3）：17-21.
刘强，刘冬雪，吕亭亭，等.2016. 水体中阿特拉津处理技术的研究进展［J]. 广州化工，44（23）：10-11，26.
刘限，李安，高增贵，等.2018. 除草剂莠去津降解菌的筛选及降解效果［J]. 江苏农业科学，46（22）：286-290.
刘永健，王秋菊，王爱军，等.2016. 阿特拉津在水生态系统不同介质中的分布特征［J］哈尔滨商业大学学报，32（1）：18-20，90.
柳凤娟，张国平，付志平，等.2018. 不同碳源中硫酸盐还原菌生长状况及对砷、锑去除效率研究［J]. 地球与环境，46（2）：179-187.
骆红月，尹锐，高楠.2015. 微生物降解阿特拉津的研究进展［J]. 科技视界，05：156，285.
吕吉利.2014. 生物碳固定化微生物修复海水石油污染［D］. 济南：山东师范大学.
马保国，胡振琪，张明亮，等.2008. 高效硫酸盐还原菌的分离鉴定及其特性研究［J]. 农业环境科学学报，27（2）：608-611.
马浩珂，王瑞娇，隋宇凡，等.2019. 微生物降解阿特拉津现状综述［J]. 科技经济导刊，27（12）：188.
马伶俐.2017. 生物炭基固定化微生物及对石油污染土壤的修复研究［D］. 成都：西南石油大学.
孟顺龙，胡庚东，瞿建宏，等.2009. 阿特拉津在水环境中的残留及其毒理效应研究进展［J]. 环境污染与防治，31（6）：64-68，83.
潘慧云，李小路，徐小花，等.2008. 甲磺隆对沉水植物伊乐藻的生理生态效应研究［J]. 环境科学，07：1844-1848.
潘自强.2007. 电离辐射环境监测与评价. 北京：原子能出版社，12.
蒲佳洪，罗学刚，王经明，等.2020. 混合硫酸盐还原菌的筛选及其最适生长条件的研究［J]. 湖北农业科学，59（8）：54-57.
裘舒越，赵泽颖，陈芳媛，等.2020. 烟梗生物炭持久性自由基反应活性的比较［J]. 中国环境科学，40（8）：3458-3464.
瞿建宏，吴伟.2002. 除草剂生产废水经微生物降解前后的毒理效应［J]. 中国环境科学，22（4）：297-300.
任保青，陈之端.2010. 植物 DNA 条形码技术. 植物学报，45（1）：1-12.
孙可，冉勇.2007. 土壤和沉积物中非水解有机碳对菲的吸附［J]. 环境化学，（06）：757-761.
谭凯旋，易正戟，澹爱丽，等.2007. 共存离子对地浸废水中铀生物沉淀过程的影响［J]. 环境科学与技术，2：15-16.
万海清，苏仕军，葛长海，等.2003. 一种分离培养硫酸盐还原菌的改进方法［J]. 应用与环境生物学报，9（5）：561-562.

万年升，顾继东，段舜山．2006. 阿特拉津生态毒性与生物降解的研究［J］. 环境科学学报，26（4）：552-560.

汪爱河，张伟，胡凯光．2011. ZVI-SRB 协同处理铀废水的正交实验研究［J］. 矿业工程研究，26（3）：60-63.

王菲，孙红文．2016. 生物炭对极性与非极性有机污染物的吸附机理［J］. 环境化学，35（6）：1134-1141.

王辉．2011. 混合硫酸盐还原菌生长特性及处理重金属废水的研究［D］．湘潭：湘潭大学．

王绘砖，陈喜文，王永芹，等．2008. 转阿特拉津氯水解酶基因烟草的获得及其生物降解能力分析［J］. 作物学报，34（5）：783-789.

王继勇，肖挺，何伟．2018. 一株耐酸 SRB 的分离及其脱硫除镉性能［J］. 中国环境科学，38（11）：4255-4260.

王明义，梁小兵，郑娅萍，等．2005. 硫酸盐还原菌鉴定和检测方法的研究进展［J］. 微生物学杂志，6：81-84.

王玉静，窦艳梅，张娜，等．2004. 稀有元素铼的光度分析［J］. 沈阳师范大学学报，22（1）：42-45.

王雲．2016. 莠去津降解菌的分离鉴定、降解特性和机理及其修复效果［D］．杭州：浙江大学．

魏利，马放．2006. 大庆油田地面系统的硫酸盐还原菌的分离与鉴定［J］. 湖南科技大学学报，21（1）：82-85.

吴奇，宋福强．2017. 土壤中阿特拉津生物降解的研究进展［J］. 土壤与作物，6（2）：153-160.

吴颖慧，蔡磊明，王捷，等．2007. 除草剂莠去津对 7 种藻类的生长抑制［J］. 农药，01：48-51.

辛蕴甜．2013. 石油降解菌的降解性能、固定化及降解动力学研究［D］．上海：东华大学．

信欣，蔡鹤．2004. 农药污染土壤的植物修复研究［J］. 植物保护，30（1）：8-11.

徐罗娜，涂敏，王晓芳．2014. DNA 条形码技术在真菌上的研究与应用［J］. 湖北农业科学，20：4790-4794.

徐雄，李春梅，孙静，等．2016. 我国重点流域地表水中 29 种农药污染及其生态风险评价［J］. 生态毒理学报，11（2）：347-354.

许雅玲，伍健东．2010. pH 值对硫酸盐还原菌颗粒污泥性能的影响［J］. 工业用水与废水，41（1）：32-35.

续晓云．2015. 生物炭对无机污染物的吸附转化机制研究［D］．上海：上海交通大学．

闫彩芳，娄旭，洪青，等．2011. 一株阿特拉津降解菌的分离鉴定及降解特性［J］. 微生物学通报，38（4）：493-497.

杨建设，黄玉堂，楚施，等．2006. 温度和 pH 对硫酸盐还原菌活性的影响［J］. 茂名学院学报，16（4）：1-3.

杨晓燕，李艳苓，魏环宇，等．2018. 阿特拉津降解菌 CS3 的分离鉴定及其降解特性的研究［J］. 农业环境科学学报，37（6）：1149-1158.

叶新强，鲁岩，张恒．2006. 除草剂阿特拉津的使用与危害［J］环境科学与管理，31（7）：95-97.

叶兆木．2020. 污染场地土壤环境现状调查及管理对策［J］. 资源节约与环保，2：25.

易正戟，谭凯旋，澹爱丽，等．2006. 共存离子对硫酸盐还原菌（SRB）还原 U（Ⅵ）的影响．暨南大学学报（自然科学与医学版），27（5）：734-739.

张爱清 . 2014. 阿特拉津对浮萍的毒理学效应及其降解代谢 [D] . 武汉：华中师范大学 .

张桂香，何秋生，王晶，等 . 2015. 生物碳和土壤性质对乙草胺吸附行为的影响 [J]. 环境工程学报，9 (5)：2473-2478.

张望，范广宇，孟祥龙，等 . 2019. 海州湾沿岸海水中 21 种除草剂的分布特征 [J]. 江苏农业科学，47 (23)：289-294.

张小里，陈志昕，刘海洪，等 . 2000. 环境因素对硫酸盐还原菌生长的影响 [J]. 中国腐蚀与防护学报，20 (4)：224-229.

张绪超，陈懿，胡蝶，等 . 2019. 生物炭中持久性自由基对秀丽隐杆线虫的毒性 [J]. 中国环境科学，39 (6)：2644-2651.

赵晶，霍丽娟，钱天伟 . 2014. 合成的黄铁矿还原固定地下水中铼的初步探究 [J]. 环境科学与技术，37 (7)：124-127.

赵昕悦，马放，杨基先，等 . 2018，阿特拉津降解菌 *Pseudomonas* sp. ZXY 的分离鉴定及降解动力学 [J]. 哈尔滨工业大学学报，50 (2)：82-88.

郑强 . 2009. 生态因子对硫酸盐还原菌生长的影响 [J]. 中国资源综合利用，27 (2)：25-27.

周炳，赵美蓉，黄海凤 . 2008. 4 种农药对斑马鱼胚胎的毒理研究 [J]. 浙江工业大学学报，36 (2)：136-140.

周博，舒小琼，栾新红，等 . 2008. 阿特拉津对雄性大鼠生殖机能的影响 [J]. 繁殖生理，44 (11)：15-17，29.

周宁，王荣娟，孟庆娟，等 . 2008. 寒地黑土中阿特拉津降解菌的筛选及降解特性 [J]. 环境工程学报，11：1560-1563.

周泉宇，谭凯旋，刘岩 . 2009. 硫酸盐还原菌治理地浸采铀地下水的柱实验研究 [J]. 矿业工程研究 24 (2)：75-78.

Abdelouas A，Grambow B，Fattahi M，et al. 2005. Microbial reduction of 99Tc in organic matter-rich soils [J]. Science of The Total Environment，336 (1-3)：255-268.

Accardi-Dey A，Gschwend P M. 2002. Assessing the combined roles of natural organic matter and black carbon as sorbents in sediments [J]. Environmental Science and Technology，36：21-29.

Ahmad A L，Tan L S，Abd S S R. 2008. Dimethoate and atrazine retention from aqueous solution by nanofiltration membranes [J]. Journal of Hazardous Materials，151：71-77.

Albright V C，Murphy I J，Anderson J A，et al. 2013. Fate of atrazine in switchgras-soil column system [J]. Chemosphere，90 (6)：1847-1853.

Alexandrino M，Macías F，Costa R，et al. 2011. A bacterial consortium isolated from an Icelandic fumarole displays exceptionally high levels of sulfate reduction and metals resistance [J]. Journal of Hazardous Materials，187：362-370.

Alja K M A T，Aukonen S A，Koski J O K I，et al. 2008. Atrazine and terbutryn degradation in deposits from groundwater environment within the boreal region in Lahti，Finland [J]. Journal of Agricultural and Food Chemistry，56：11962-11968.

Anderson B E，Becker U，Helean K B，et al. 2006. Perrhenate and pertechnetate behavior on iron and sulfur-bearing compounds [J]. Materials Research Society，70 (18)：46-51.

Anderson R. T.，Vrionis H A，Ortiz-Bernad I，et al. 2003. Stimulating the in situ activity of

Geobacter species to remove uranium from the groundwater of a uranium-contaminated aquifer [J]. Appl. Environ. Microbiol, 69 (10): 5884-5891.

André P, Gilad A, Angeliki M, et al. 2020. The effect of temperature on sulfur and oxygen isotope fractionation by sulfate reducing bacteria (Desulfococcus multivorans) [J]. FEMS Microbiology Letters, 367 (9) .

Antal M J, Mochidzuki K, Paredes L S. 2003. Flash carbonization of bimass [J]. Industrial and Engineering Chemistry Research, 42: 3690-3699.

Atkinson C J, Fitzgerald J D, Hipps N A. 2010. Potential mechanisms for achieving agricultural benefits from biochar application to temperate soils: A review [J]. Plant and Soil, 337 (2): 1-18.

Beasley T M, Lorz H V. 1986. A review of the biological and geochemical behaviour of Tc in the Marine environment [J]. Journal of Environmental Radioactivity, 3 (1): 1-22.

Beaton J D, Peterson H B, Bauer N. 1960. Some aspects of phosphate adsorption to charcoal [J]. Soil Science Society of America Proceedings, 24: 340-346.

Beesley L, Moreno-Jimenez E, Gomez-Eyles J L. 2010. Effects of biochar and greenwaste compost amendments on mobility, bioavailability and toxicity of inorganic and organic contaminants in a multi-element polluted soil [J]. Environmental Pollution, 158: 2282-2287.

Beesley L, Moreno-Jiminenez E, Gomez-Eyles J L, et al. 2011. A review of biochar' s potential role in the remediation, revegetation and restoration of contaminated soils [J]. Environmental Pollution, 159: 3265-3282.

Begerow D, Nilsson H, Unterseher M, et al. 2010. Current state and perspectives of fungal DNA barcoding and rapid identification procedures [J]. Applied Microbiology and Biotechnology, 87: 99-108.

Bengough A G, Mullins C E. 1990. Mechanical impedance to root growth: A review of experimental techniques and root growth responses [J]. Journal of Soil Science, 41: 341-358.

Bird M I, Ascough P L, Young I M, et al. 2008. X-ray microtomographic imaging of charcoal [J]. Journal of Archaeological Sciences, 35: 2698-2706.

Bourke J, Manley-Harris M, Fushimi C, et al. 2007. Do all carbonized charcoals have the same chemical structure? 2. A model of the chemical structure of carbonized charcoal [J]. Industrial and Engineering Chemistry Research, 46: 5954-5967.

Brain R A, Hoberg J, Hosmer J A, et al. 2012. Influence of light intensity on the toxicity of atrazine to the submerged freshwater aquatic macrophyte Elodea canadensis [J]. Ecotoxicology and Environmental Safety, 79: 55-61.

Brandli R C, Hartnik T, Henriksen T, et al. 2008. Sorption of native polyaromatic hydrocarbons (PAH) to black carbon and amended activated carbon in soil [J]. Chemosphere, 73: 1805-1810.

Brewer C E, Schmidt-Rohr K, Satrio J A, et al. 2009. Characterization of biochar from fast pyrolysis and gasification systems [J]. Environmental Progress and Sustainable Energy, 28: 386-396.

Bridge T A M, White C, Gad G M. 1999. Extracellular metal-binding activity of the sulphate-reducing bacterium desulfococcus multivorans [J]. Microbiology Research, 145: 2987-2995.

Bridgewater A V, Toft A J, Brammer J G. 2002. A techno-economic comparison of power production by biomass fast pyrolysis with gasification and combustion [J]. Renewable and Sustainable Energy Reviews，6：181-248.

Bridgwater A V. 2007. The production of biofuels and renewable chemicals by fast pyrolysis of biomass [J]. International Journal of Global Energy Issues，27：160-203.

Buchireddy P R，Bricka R M，Rodriguez J，et al. 2010. Biomass gasification：Catalytic removal of tars over zeolites and nickel supported zeolites [J]. Energy and Fuels，24：2707-2715.

Cao X D，Ma L N，Gao B，et al. 2009. Dairy-manure derived biochar effectively sorbs lead and atrazine [J]. Environmental Science and Technology，43：3285-3291.

Castro H F，Ogram A，Williams N H. 2000. Phylogeny of sulfate-reducing bacteria [J]. FEMS Microbiol Ecol，31 (1)：1-9.

CBOL Plant Working Group. 2009. A DNA barcode for land plants [J]. Proc Natl Acad Sci，106 (31)：12794-7.

Chai Y Z，Currie R J，Davis J M，et al. 2012. Effectiveness of activated carbon and biochar in reducing the availability of polychlorinated dibenzo-*p*-dioxins/dibenzofurans in soils [J]. Environmental Science and Technology，46：1035-1043.

Chan K Y，Van Z L，Meszaros I，et al. 2007. Agronomic values of green waste biochar as a soil amendment [J]. Australian Journal of Soil Research，45：629-634.

Chang Y J，Peacock A D，Long P E，et al. 2001. Diversity and characterization of sulfate-reducing bacteria in groundwater at a uranium mill tailings site [J]. Appl. Environ. Microbiol，67 (7)：3149-3160.

Chefetz B. 2003. Sorption of phenanthrene and atrazine by plant cuticular fractions [J]. Environmental Toxicology Chemistry，22：2492-2498.

Chefetz B，Deshmukh P A，Hatcher，P G，et al. 2000. Pyrene sorption by natural organic matter [J]. Environmental Science and Technology，34：2925-2930.

Chefetz B，Xing B S. 2009. Relative role of aliphatic and aromatic moieties as sorption domains for organic compounds：A review [J]. Environmental Science and Technology，43：1680-1688.

Chen B，Yuan M，Qian L，et al. 2012. Enhanced bioremediation of PAH-contaminated soil by immobilized bacteria with plant residue and biochar as carriers [J]. Soil Sediment，12 (9)：1350-1359.

Chen B L，Zhou D D，Zhu L Z. 2008. Transitional adsorption and partition of nonpolar and polar aromatic contaminants by biochars of pine needles with different pyrolytic temperatures [J]. Environmental Science and Technology，42 (14)：5137-5143.

Chen C Y，Chen S C，Fingas V，et al. 2010. Biodegradation of propionitrile by Klebsiella oxytoca immobilized in alginate and cellulose triacetate gel [J]. Journal of Hazardous Materials，177 (1-3)：856-863.

Chen W F，Wei R，Yang L M，et al. 2019. Characteristics of wood-derived biochars produced at different temperatures before and after deashing：Their different potential advantages in environmental applications [J]. Science of The Total Environment，651：2762-2771.

Cheng C H，Lehmann J，Thies J E，et al. 2006. Oxidation of black carbon by biotic and abiotic processes [J]. Organic Geochemistry，37：1477-1488.

Cheng X X, Liang H, Ding D A, et al. 2017. Ferrous iron /peroxymonosulfate oxidation as a pre treatment for ceramic ultrafiltration membrane: Control of natural organic matter fouling and degradation of atrazine [J]. Water Research, 113: 32-41.

Cheng C H, Lehmann J, Engelhard M. 2008. Natural oxidation of black carbon in soils: Changes in molecular form and surface charge along a climosequence [J]. Geochimica et Cosmachimica Acta, 72: 1598-1610.

Chin Y P, Aiken G R, Danielsen K M. 1997. Binding of pyrene to aquatic and commercial humic substances: The role of molecular weight and aromaticity [J]. Environmental Science and Technology, 31: 1630-1635.

Chiou C T, Peters L J, Freed V H. 1979. A physical concept of soil-water equilibria for non-ionic organic compounds [J]. Science, 206: 831-832.

Chiou M S, Li J Y. 2002. Equilibrium and kinetic modeling of adsorption of reactive dye on cross-linked chitosan bead [J]. Journal of Hazardous Materials, 93: 233-248.

Chao Y M, Ghosh U, Kennedy A J, et al. 2009. Field application of activated carbon amendment for in-situ stabilization of polychlorinated biphenyls in marine sediment [J]. Environmental Science and Technology, 43: 3815-3823.

Chun Y, Sheng G Y, Chiou C T, et al. 2004. Compositions and sorptive properties of crop residue-derived chars [J]. Environmental Science and Technology, 38: 4649-4655.

Clarkston B E, Saunders G W. 2010. A comparison of two DNA barcode markers for species discrimination in the red algal family Kallymeniaceae (Gigartinales, Florideophyceae), with a description of *Euthora timburtonii* sp. nov [J]. Botany, 88 (2): 119-131.

Coenelissen G, Gustafaaon O, Bucheli T D, et al. 2005. Extensive sorption of organic compounds to black carbon, coal, and kerogen in sediments and soils: mechanisms and consequences for distribution, bioaccumulation, and biodegradation [J]. Environmental Science and Technology, 39: 6881-6895.

Cornelissen G, Gustafsson O. 2005. Importance of unburned coal carbon, black carbon, and amorphous organic carbon to phenanthrene sorption in sediments [J]. Environmental Science and Technology, 39: 764-769.

Desisto W J, Hill I N, Beis S H, et al. 2010. Fast pyrolysis of pine sawdust in a fluidized-bed reactor [J]. Energy and Fuels, 24: 2642-2651.

Dojka M A, Hugenholtz P, Haack S K, et al. 1998. Microbial diversity in a hydrocarbon and chlorinated solvent-contaminated aquifer undergoing intrinsic bioremediation [J]. Appl. Environ. Microbiol. 64: 3869-3877.

Donnelly P K, Entry J A, Crawford D L. 1993. Degradation of atrazine and 2,4-dichlorophenoxyacetic acid by mycorrhizal fungi at three nitrogen concentration in vitro [J]. Appl Environ Microbiol, 59: 2642-2647.

Drzyzga O, Gerritse J, Dijk J A, et al. 2001. Coexistence of a sulphate-reducing Desulfovibrio species and the dehalorespiring Desulfitobacterium frappieni TCE1 in defined chemostat cultures grown with various combinations of sulphate and tetrachloroethene [J]. Environmental Microbiology, 3:

92-99.

Fagervold S K, Chai Y, Davis J W, et al . 2010. Bioaccumulation of polychlorinated dibenzo-*p*-dioxins/dibenzofurans in *E. fetida* from floodplain soils and the effect of activated carbon amendment [J]. Environmental Science and Technology, 44: 5546-5552.

Fang Y, Singh B, Singh B P. 2015. Effect of temperature on biochar priming effects and its stability in soils [J]. Soil Biology and Biochemistry, 80 (10): 136-145.

Felsenstein J. 1996. Inferring phylogenies from protein sequences by parsimony, distance, and likelihood methods [J]. Methods in Enzymology, 266: 418-427.

Finneran K T, Housewright M E, Lovley D R. 2002. Multiple influences of nitrate on uranium solubility during bioremediation of uranium-contaminated subsurface sediments [J]. Environmental Microbiology 4 (9): 510-516.

Freitas J C C, Emmerich F G, Bionagamba T J. 2000. High-resolution solid-state NMR study of occurrence and thermal transformations of silicon-containing species in biomass materials [J]. Chmistry of Materials, 12: 711-718.

Freitas J C C, Passamani E C, Orlando M T D, et al. 2002. Effects of ferromagnetic inclusions on ^{13}C MAS NMR spectra of heat-treated peat samples [J]. Energy and Fuels, 16: 1068-1075.

Fu X G, Wang H G, Bai Y, et al. , 2020. Systematic degradation mechanism and pathways analysis of the immobilized bacteria: Permeability and biodegradation, kinetic and molecular simulation [J]. Environmental Science and Ecotechnology, (2): 57-63.

Funke A, Ziegler F. 2010. Hydrothermal carbonization of biomass: A summary and discussion of chemical mechanisms for process engineering [J]. Biofuels, Bioproducts and Biorefining, 4: 160-177.

Geets J, Borremans B, Diels L, et al. 2006. DsrB gene-based DGGE for community and diversity surveys of sulfate-reducing bacteria [J]. J Microbiol Methods, 66 (2): 194-205.

Gianessi L P. 1987. Lack of data stymecs informed decisions on agricultural pesticides [J]. Resources, 89 (1): 1-4.

Giles C H, Smith D, Huitson A. 1974. A general treatment and classification of the solute adsorption isotherm. I. Theoretical [J]. Journal of Colloid Interface Science, 47: 755-765.

Gomez-Eyles J L, Sizmur T, Collins C D, et al. 2011. Effects of biochar and the earthworm *Eisenia fetida* on the bioavailability of polycyclic aromatic hydrocarbons and potentially toxic elements [J]. Environmental Pollution, 159: 616-622.

Hans G T. 1984. Microorganisms and the sulfur cycle [J]. Studies in Inorganic Chemistry, 5: 351-365.

Hard B C, Friedrich S, Babel W. 1997. Bioremediation of acid mine water using facultatively methylotrophic metal-tolerant sulfate-reducing bacteria [J]. Microbiological Research 152 (2): 65-73.

Hebert P D N, Cywinska A, Ball S L, et al. 2003. Biological identifications through DNA barcodes [J]. Proceedings of the Royal society of London B Biology, 270: 313-321.

Henning W. 1996. Phylogenetic systematics [M]. Urbam: University of Illoins press.

Henrot J. 1989. Bioaccumulation and chemical modification of Tc by soil bacteria [J] . Health Phys,

57: 239-245.

Higashika Y, Konjima H, Fukui M. 2012. Isolation and characterization of novel sulfate-reducing bacterium capable of anaerobic degradation of *p*-xylene [J]. Microbes Environ, 27 (3): 273-277.

Hilber I, Bncheli T D, Wyss G S, et al. 2009. Assessing the Phytoavailability of Dieldrin residues in charcoal-amended soil using Tenax extraction [J]. Journal of Agricultural and Food Chemistry, 57: 4293-4298.

Hill R A, Hunt J, Sanders E, et al. 2019. Effect of biochar on microbial growth: a metabolomics and bacteriological investigation in *E. coli* [J]. Environmental Science & Technology, 53 (5): 2635-2646.

Hinz C. 2001. Description of sorption data with isotherm equations [J]. Geoderma, 99: 225-243.

Hong X, Wen X, Ping L. 2017. Study on adsorption characteristics of biochar on heavy metals in soil [J]. Korean Journal of Chemical Engineering, 34 (6): 1-7.

Hou X J, Huang X P, Ai Z H, et al. 2017. Ascorbic acid induced atrazine degradation [J]. Journal of Hazardous Materials, 327: 71-78.

Houben D, Evrard L, Sonnet P. 2013. Beneficial effects of biochar application to contaminated soils on the bioavailability of Cd, Pb and Zn and the biomass production of rapeseed (Brassica napus L) [J]. Biomass and Bioenergy, 57 (11): 196-204.

House D L, Sherwood A R, Viis M L. 2008. Comparison of three organelle markers for phylogeographic inference in *Batrachospermum helminthosum* (Batrachospermales, Rhodophyta) from North America [J]. Phycological Research, 56: 69-75.

House D L, Vandenbroek A M, Vis M L. 2010. Intraspecific genetic variation of *Batrachospermum gelatinosum* (Batrachospermales, Rhodophyta) in eastern North America [J]. Phycologia, 49 (5): 501-507.

Huang W, Weber Jr. 1997a. A distributed reactivity model for sorption by soils and sediments. 10: Relationships between sorption, hysteresis, and the chemical characteristics of organic domains [J]. Environmental Science and Technology, 31: 2562-2569.

Huang W L, Peng P A, Yu Z Q, et al. 2003. Effects of organic matter heterogeneity on sorption and desorption of organic contaminants by soils and sediments [J]. Applied Geochemistry, 18: 955-972.

Huang W L, Weber W J Jr. 1998. A distributed reactivity model for sorption by soils and sediments. 11. Slow concentration-dependent sorption rates [J]. Environmental Science and Technology, 32: 3549-3555.

Huang W L, Young T M, Schlautman M A, et al. 1997b. A distributed reactivity model for sorption by soils and sediments. 9. General isotherm nonlinearity and applicability of the dual reactive domain model [J]. Environmental Science and Technology, 31: 1703-1710.

Huelsenbeck J P, Lander K M. 2003. Frequent inconsistency of parsimony under a simple model of cladogenesis [J]. Systematic Biology, 52 (5): 641-648.

Huelsenbeck J P, Larget B, et al. 2004. Bayesian phylogenetic model selection using reversible jump Markov chain monte carlo [J]. Molecular biology and evolution, 21 (6): 1123-1133.

Huelsenbeck J P，Rannala B. 1997. Phylogenetic methods come of age：testing hypotheses in an evolutionary context [J]. Science，276 (5310)：227-232.

Huelsenbeck J P，Rannala B，et al. 2000. A Bayesian framework for the analysis of cospeciation [J]. Evolution，54 (2)：352-364.

IEA Bioenergy. 2010. IEA Bioenergy Task 34：Pyrolysis [EB/OL] . http：//www. pyne. co. uk/?_id=76.

Intani K，Latif S，Cao Z B，et al. 2018. Characterisation of biochar from maize residues produced in a self-purging pyrolysis reactor [J]. Bioresource Technology，265：224-235.

Inui H，Ohkawa H. 2005. Herbicide resistance in transgenic plants with mammalian P450 monooxygenase genes [J]. Pest Management Science，61 (3)：286-291.

Istok J D，Senko J M，Krumholz L R，et al. 2004. In situ bioreduction of technetium and uranium in a nitrate-contaminated aquifer [J]. Environ Sci Technol，38 (2)：475-486.

Ivan K，Dani D，Monika V. 2019. Analysis of pH dose-dependent growth of sulfate-reducing bacteria [J]. Open Medicine，14：66-74.

Jensen P A，Frandsen F J，Damjohansen K，et al. 2000. Experimental investigation of the transformation and release to gas phase of potassium and chlorine during straw pyrolysis [J]. Energy and Fuels，14：1280-1285.

Jiang Q，Wang Y F，Gao Y，et al. 2019a. Fabrication and characterization of a hierarchical porous carbon from corn straw-derived hydrochar for atrazine removal：efficiency and interface mechanisms [J]. Environmental Science and Pollution Research，26 (29)：30268-30278.

Jiang Z，Chen J N，Li J J，et al. 2019b. Exogenous Zn^{2+} enhance the biodegradation of atrazine by regulating the chlorohydrolase gene *trz*N transcription and membrane permeability of the degrader *Arthrobacter* sp. DNS10 [J]. Chemosphere，238：1-8.

Jiang Z，Ma B B，Erinle K O，et al. 2016. Enzymatic antioxidant defense in resistant plant：*Pennisetum americanum* (L) K. Schum during long-term atrazine exposure [J]. Pesticide Biochemistry and Physiology，133.

Jiang Z，Zhang X Y，Wang Z Y，et al. 2019c. Enhanced biodegradation of atrazine by *Arthrobacter* sp. DNS10 during coculture with a phosphorus solubilizing bacteria：*Enterobacter* sp. P1 [J]. Ecotoxicology and Environmental Safety，172：159-166.

Jin R，Ke J，et al. 2002. Impact of atrazine disposal on the water resources of the Yang river in Zhang jiakou area in China [J]. Bulletin of Environment Contamination and Toxicology，68：893-900.

Jin S C，Park S H，Jung S C，et al. 2016. Production and utilization of biochar：A review [J]. Journal of Industrial and Engineering Chemistry，40：1-15.

Jing G，Yong K，YING F. 2017. Bioassessment of heavy metal toxicity and enhancement of heavy metal removal by sulfate-reducing bacteria in the presence of zerovalent iron [J]. Journal of Environmental Management，203：278-285.

Johnson M D，Huang W，Weber W J Jr. 2001. A distributed reactivity model for sorption by soils and sediments [J]. Environmental Science and Technology，35：1680-1687.

Ju C，Zhang H C，Wu R，et al. 2020. Upward translocation of acetochlor and atrazine in wheat plants depends on their distribution in roots [J]. Science of the Total Environment, 703 (10): 135636.

Karaosmanoglu F, Isigigur-Ergundenler A, Sever A. 2000. Biochar from the straw-stalk of rapeseed plant [J]. Energy and Fuels, 14: 336-339.

Karapanagioti H K, Childs J, Sabaini D. 2001. Impacts of heterogeneous organic matter on phenanthrene sorption: different soil and sediment samples [J]. Environmental Science and Technology, 35: 4684-4698.

Karickhoff S W, Brown D S, Scodd T A. 1979. Sorption of hydrophobic pollutants in natural sediments [J]. Water Research, 13: 241-248.

Karimi-Lotfabad S, Pickard M A, Gray M R. 1996. Reactions of polynuclear aromatic hydrocarbons on soil [J]. Environmental Science and Technology, 30: 1145-1151.

Kasozi G N, Zimmweman A R, Nkendi-Kizz P, et al. 2010. Catechol and humic acid sorption onto a range of laboratory-produced black carbons (Biochars) [J]. Environmental Science and Technology, 44: 6189-6195.

Kawahigashi H, Hirose S, Inui H, et al. 2005. Enhanced herbicide cross-tolerance in transgenic rice plants coexpressing hu-man CYP1A1, CYP2B6, and CYP2C19 [J]. Plant Science, 168 (3): 773-781.

Keiluweit M, Nico P S, Johnson M G, et al. 2010. Dynamic molecular structure of plant biomass-derived black carbon (biochar) [J]. Environmental Science & Technology, 44 (4): 1247-1253.

Khromonygina V V, Saltykova A I, Vasil' chenko L G, et al. 2004. Degradation of the herbicide atrazine by the soil mycelial fungus INBI 2-26, a producer of cellobiose dehydrogenase [J]. Applied Biochemistry and Microbiology, 40 (3): 285-290.

Kikot P, Viera M, Mignone C, et al. 2010. Study of the effect of pH and dissolved heavy metals on the growth of sulfate-reducing bacteria by a fractional factorial design [J]. Hydrometallurgy, 104: 494-500.

Kilduff J E, Wigton A. 1998. Sorption of TCE by humic-preloaded activated carbon: incorporating size-exclusion and pore blockage phenomena in a competitive adsorption model [J]. Environmental Science and Technology, 33: 250-256.

Kile D E, Wershaw R L, Chiou C T. 1999. Correlation of soil and sediment organic matter polarity to aqueous sorption of nonionic compounds [J]. Environmental Science and Technology, 33: 2053-2056.

Kim E, Benedetti M F, Boulègue J. 2004. Removal of dissolved rhenium by sorption onto organic polymers: study of rhenium as an analogue of radioactive technetium [J]. Water Research, 38 (2): 448-454.

Kolekar P D, Patil S M, Suryavanshi M V, et al. 2019. Microcosm study of atrazine bioremediation by indigenous microor-ganisms and cytotoxicity of biodegraded metabolites [J]. Journal of Hazardous Materials, 374: 66-73.

Kookana R S. 2010. The role of biochar in modifying the environmental fate, bioavailability and efficacy of pesticides in soils: a review [J]. Australian Journal of Soil Research, 48: 627-637.

Krämer U. 2005. Phytoremediation: novel approaches to cleaning up polluted soils [J]. Current Opinion Biotechnology，16 (2)：133-141.

Krutz L J，Dale L S. 2008. Atrazine dissipation in s-triazine-adapted and nonadapted soil from colorado and mississippi：implications of enhanced degradation on atrazine fate and transport parameters [J]. Journal of Environmental Quality，37 (3)：848-857.

Kucera H，Saunders G W. 2008. Assigning morphological variants of Fucus (Fucales，Phaeophyceae) in Canadian waters to recognized species using DNA barcoding [J]. Botany，86 (9)：1065-1079.

Kwon S，Pignatello J J. 2005. Effect of natural organic substances on the surface and adsorptive properties of environmental black carbon (char)：pseudo pore blockage by model lipid components and its implications for N_2-Probed surface properties of natural sorbents [J]. Environmental Science and Technology，39：7932-7939.

Lane C E，Lindstrom S，Saunders G W. 2007. A molecular assessment of northeast Pacific Alaria species (Laminariales，Phaeophyceae) with reference to the utility of DNA barcoding [J]. Molecular Phylogenetics and Evolution，44 (2)：634-648.

Langmiur I. 1918. The adsorption of gases on plane surfaces of glass，mica，and platinum [J]. Journal of the American Chemical Society，40：1361-1403.

Le Gall L，Saunders G W. 2010. DNA barcoding is a powerful tool to uncover algal diversity：a case study of the Phyllophoraceae (Gigartinales，Rhodophyta) in the Canadian flora [J]. Journal of Phycology，46 (3)：374-389.

Leboeuf E J，Weber W J Jr. 1997. A distributed reactivity model for sorption by soils and sediments：8. Identification of a humic acid glass transition and a logic for invoking polymer sorption theory [J]. Environmental Science and Technology，3：1697-1702.

Leboeuf E J，Weber W J Jr. 2000. Macromolecular characteristics of natural organic matter. 2. Sorption and desorption behavior [J]. Environmental Science and Technology，34：3632-3640.

Lee G H，Choi K C. 2020. Adverse effects of pesticides on the functions of immune system [J]. Comparative Biochemistry and Physiology，235：108789-108795.

Lehmann J. 2007. Bio-energy in the black [J]. Frontiers in Ecology and the Environment，5：381-387.

Lehmann J，Rilling，M C，Thies J，et al. 2011. Biochar effects on soil biota：A review [J]. Soil Biology and Biochemisty，43：1812-1836.

Li X，Lan S M，Zhu Z P，et al. 2018. The bioenergetics mechanisms and applications of sulfate-reducing bacteria in remediation of pollutants in drainage：A review [J]. Ecotoxicology and Environmental Safety，158：162-170.

Li X Y，Wu T，Huang H L，et al. 2012. Atrazine accumulation and toxic responses in maize Zea mays [J]. Journal of Environmental Sciences，24 (2)：203-208.

Liao F，Yang L，Li Q，et al. 2018. Characteristics and inorganic N holding ability of biochar derived from the pyrolysis of agricultural and forestal residues in the southern China [J]. Journal of Analytical and Applied Pyrolysis，134：544-551.

Liao S H，Pan B，Li H，et al. 2014. Detecting free radicals in biochars and determining their ability to inhibit the germination and growth of corn，wheat and rice seedlings [J]. Environmental Science &

Technology, 48 (15): 8581-8588.

Libra J A, Ro K S, Kammann C, et al. 2011. Hydrothermal carbonization of biomass residuals: A comparative review of the chemistry, processes and applications of wet and dry pyrolysis [J]. Biofuels, 2: 71-106.

Limousin G, Gaudet J P, Charlet L, et al. 2007. Sorption isotherms: A review on physical bases, modeling and measurement [J]. Applied Geochemisty, 22: 249-275.

Lin D, Pan B, Zhu L, et al. 2007. Characterization and phenanthrene sorption of tea leaf powders [J]. Journal of Agricultural and Food Chemistry, 55: 5718-5724.

Liu Y X, Lonappan L, Brar S K, et al. 2018. Impact of biochar amendment in agricultural soils on the sorption, desorption, and degradation of pesticides: A review [J]. Science of The Total Environment, 645: 60-70.

Lloyd J R, Nolting H F, Solé V A, et al. 1998. Technetium reduction and precipitation by sulfate-reducing bacteria [J]. Geomicrobiology Journal, 15 (1): 43-56.

Lloyd J R, Ridley J, Khizniak T, et al. 1999. Reduction of technetium by *Desulfovibrio desulfuricans*: biocatalyst characterization and use in a flow through bioreactor [J]. Applied and Environmental Microbiology, 65 (6): 2691-2696.

Lloyd J R, Mabbett A N, Williams D R, et al. 2001. Metal reduction by sulphate—reducing bacteria: physiological diversity and metal specificity [J]. Hydrometallurgy, 59: 327-337.

Lovley D R, Phillips E J P, Gorby Y A, et al, 1991. Microbial reduction of uranium [J]. Letters to Nature, 350 (40): 413-416.

Loy A, Lehner A, Lee N, et al. 2002. Oligonucleotide microarray for 16S rRNA gene-based detection of all recognized lineages of sulfate-reducing prokaryotes in the environment [J]. Appl. Environ. Microbiol, 68: 5064-5081.

Ludger C, Bornemann R S, Kookana G W. 2007. Differential sorption behaviour of aromatic hydrocarbons on charcoals prepared at different temperatures from grass and wood [J]. Chemosphere, 67: 1033-1042.

Luoga E J, Witkowski E T F, Balkwill K. 2000. Economics of charcoal production in miombo woodlands of eastern Tanzania: Some hidden costs associated with commercialization of the resources [J]. Ecological Economics, 35: 243-257.

Major J, Lehmann J, Rondon M, et al. 2010. Fate of soil-applied black carbon: Downward migration, leaching and soil respiration [J]. Global Change Biology, 16: 1366-1379.

Mandelbaum R T, Allan D L, Wackett L P. 1995. Isolation and characterization of a *Pseudomonas* sp. that mineralizes the *s*-triazine herbicide atrazine [J]. Applied and Environmental Microbiology, 61: 1451-1457.

Manghisi A, Morabito M, Bertuccio C, et al. 2010. Is routine DNA barcoding an efficient tool to reveal introductions of alien macroalgae? A case study of Agardhiella subulata (Solieriaceae, Rhodophyta) in Cape Peloro lagoon (Sicily, Italy) [J]. Cryptogamie, Algologie, 31 (4): 423-433.

Masiello C A, Chen Y, Gao X, et al. 2013. Biochar and microbial signaling: production conditions determine effects on microbial communication [J]. Environmental science & technology, 47 (20):

11496-11503.

McDevit D C, Saunders G W. 2009. On the utility of DNA barcoding for species differentiation among brown macroalgae (Phaeophyceae) including a novel extraction protocol [J]. Phycological research, 57 (2): 131-141.

Mcleod P B, Luoma S N, Luthy R G. 2008. Biodynamic modeling of PCB uptake by *Macoma balthica* and *Corbicula fluminea* from sediment amended with activated carbon [J]. Environmental Science and Technology, 42: 484-490.

Mcleod P B, Van D H G, Luoma S N, et al. 2007. Biological uptake of polychlorinated biphenyls by *Macoma balthica* from sediment amended with activated carbon [J]. Environmental Toxicology and Chemistry, 26: 980-987.

Meyer N, Welp G, Rodionov A, et al. 2018. Nitrogen and phosphorus supply controls soil organic carbon mineralization in tropical topsoil and subsoil [J]. Soil Biology and Biochemistry, 119: 152-161.

Meyer S, Glaser B, Quicker P. 2011. Technical, economical, and climate-related aspects of biochar production technology: A literature review [J]. Environmental Science and Technology, 45: 9473-9483.

Millward R N, Bridges T S, Ghosh U, et al. 2005. Addition of activated carbon to sediments to reduce PCB bioaccumulation by a polychaete (Neanthes arenaceodentata) and an amphipod (Leptocheirus plumulosus) [J]. Environmental Science and Technology, 39: 2880-2887.

Min X J, Hickey D A. 2007. DNA barcoding provide a quick preview of mitochondrial genome composition [J]. PLOS one, 2 (3): e325.

Mougin C, Laugero C, Asther M, et al. 1994. Biotransformation of the herbicide atrazine by the white rot fungus Phanerochaete chrysosporium [J]. Applied and Environmental Microbiology, 60 (2): 705-708.

Moura J J G, Gonzalez P, Moura I, et al. 2007. Dissimilatory nitrate and nitrite ammonification by sulphate-reducing bacteria [J]. Environmental and Engineered Systems, 241-264.

Murano H, Otani T, Makino T, et al. 2009. Effects of the application of carbonaceous adsorbents on pumpkin (*Cucurbita maxima*) uptake of heptachlor expoxide in soil [J]. Soil Science and Plant Nutrition, 55: 325-332.

Musat F, Widdel F. 2008. Anaerobic degradation of benzene by a marine sulfate-reducing enrichment culture, and cell hybridization of the dominant phylotype [J]. Environmental Microbiology, 10: 10-19.

Nguyen B, Lehmann J. 2009. Black carbon decomposition under varying water regimes [J]. Organic Geochemistry, 40: 846-853.

Nguyen B, Lehmann J, Joseph S. et al. 2010. Temperature sensitivity of black carbon decomposition and oxidation [J]. Environmental Science & Technology, 44 (9): 3324-3331.

Nunes S M, Psterson N, Herod A A, et al. 2008. Tar formation and destruction in a fixed bed reactor simulating downdraft gasification: Optimization of conditions [J]. Energy and Fuels, 22: 1955-1964.

Nylander J A, Ronquist F, et al. 2004. Bayesian phylogenetic analysis of combined data [J]. Systematic biology, 53 (1): 47-67.

Oen A M P, Schaanning M, Ruus, A, et al. 2006. Predicting low biota to sediment accumulation factors of PAHs by using infinite-sink and equilibrium extraction methods as well as BC-inclusive modeling [J]. Chemosphere, 64: 1412-1420.

Özcimen D, Karaosmanoglu F. 2004. Production and characterization of bio-oil and biochar from rapeseed cake [J]. Renewable Energy, 29: 779-787.

Perkovich B S, Anderson T A, Kruger E L, et al. 1996. Enhanced mineralization of C14 atrazine in Kochia Scoparia rhizo-sphere soil from a pesticide-contaminated soil [J]. Pestic Sci, 46: 391-396.

Perminova I V, Grechisheva N Y, Perrosyan V S. 1999. Relationships between structure and binding affinity of humic substances for polycyclic aromatic hydrocarbons: relevance of molecular descriptors [J]. Environmental Science and Technology, 33: 3781-3787.

Pignatello J J. 2000. The measurement and interpretation of sorption and desorption rates for organic compounds in soil media [J]. Advances in Agronomy, 69: 1-73.

Pignatello J J. Xing B. S. 1995. Mechanisms of slow sorption of organic chemicals to natural particles. Critical review [J]. Environmental Science and Technology, 30: 1-11.

Pignolet L, Auvray F, Fonsny K, et al. 1989. Role of various microorganisms on Tc behavior in sediments [J]. Health physics, 57 (5) .

Pruden A, Messner N, Pereyra L, et al. 2007. The effect of inoculum on the performance of sulfate-reducing columns treating heavy metal contaminated water [J]. Water Research, 41 (4): 904-914.

Qu M J, Li N, Li H D, et al. 2018. Phytoextraction and biodegradation of atrazine by *Myriophyllum spicatum* and evaluation of bacterial communities involved in atrazine degradation in lake sediment [J]. Chemosphere, 209: 439-448.

Qu M J, Liug L, Zhao J W, et al. 2019. Fate of atrazine and its relationship with environmental factors in distinctly different lake sediments associated with hydrophytes [J]. Environmental Pollution: 113371.

Ran Y, Xiao H, Huang W L, et al. 2003. Kerogen in aquifer material and its strong sorption for nonionic organic pollutants [J]. Journal of Environmental Quality, 32: 1701-1709.

Rattanaphani S, Chairat M, Bremner J B, et al. 2007. An adsorption and thermodynamic study of lac dyeing on cotton pretreated with chitosan [J]. Dyes and Pigments, 72: 88-96.

Ren X Y, Zeng G M, et al. 2018. Effect of exogenous carbonaceous materials on the bioavailability of organic pollutants and their ecological risks [J]. Soil Biology and Biochemistry, 116: 70-81.

Repo A, Tuomi M, Liski J. 2011. Indirect carbon dioxide emissions from producing bioenergy from forest harvest residues [J]. GCB Bioenergy, 3: 107-115.

Rhodes A H, Mcallister L E, Chen R, et al. 2010. Impact of activated charcoal on the mineralisation of 14C-phenanthrene in soils [J]. Chemosphere, 79: 463-469.

Robba L, Russell S J, Barker G L, et al. 2006. Assessing the use of the mitochondrial cox1 marker for use in DNA barcoding of red algae (Rhodophyta) [J]. American Journal of Botany, 93 (8):

1101-1108.

Roberts D A, Nys R D. 2016. The effects of feedstock pre-treatment and pyrolysis temperature on the production of biochar from the green seaweed Ulva [J]. Journal of Environmental Management, 169 (1): 253-260.

Roh, S W, Nam, Y D, Chang H W, et al. 2008. Phylogenetic characterization of two novel commensal bacteria involved with innate immune homeostasis in *Drosophila melanogaster* [J]. Appl Environ Microbiol, 74: 6171-6177.

Ros M, Goberna M, Moreno J L, et al. 2006. Molecular and physiological bacterial diversity of a semi-arid soil contaminated with different levels of formulated atrazine [J]. Applied Soil Ecology, 34 (3): 93-102.

Safinowski M, Meckenstock R U. 2006. Methylation is the initial reaction in anaerobic naphthalene degradation by a sulfate-reducing enrichment culture [J]. Environmental Microbiology, 8: 347-352.

Sander M, Pignatello J J. 2005. Characterization of charcoal adsorption sites for aromatic compounds: insights drawn from single-solute and bi-solute competitive experiments [J]. Environmental Science and Technology , 39: 1606-1615.

Saunders G W. 2005. Applying DNA barcoding to red macroalgae: a preliminary appraisal holds promise for future applications [J]. Philosophical transactions of the royal society of London Series B: Biological Sciences, 360 (1462): 1879-1888.

Saunders G W. 2008. A DNA barcode examination of the red algal family Dumontiaceae in Canadian waters reveals substantial cryptic species diversity. 1. The foliose Dilsea-Neodilsea complex and Weeksia [J]. Botany, 86 (7): 773-789.

Saunders G W. 2009. Routine DNA barcoding of Canadian Gracilariales (Rhodophyta) reveals the invasive species *Gracilaria vermiculophylla* in British Columbia [J]. Molecular Ecology Resources, 9 (1): 140-150.

Schiavon M. 1988. Studies of the leaching of atrazine, of its chlorinated derivatives, and of hydroxyatrazine from soil using 14C ring-labeled compounds under outdoor conditions [J]. Ecotoxicology and Environmental Safety, 15 (1): 46-54.

Schmidt M W I, Noack A G. 2000. Black carbon in soils and sediments: Analysis, distribution, implications and current challenges [J]. Global Biogeochemical Cycles, 14: 777-793.

Schwarzenbach R P, Gschwed P M, Imboden D M. 1993. Environmental organic chemistry [M]. New York: John Wiley & Sons.

Schwarzenbach R P, Westall J. 1981. Transport of nonpolar organic compounds from surface water to groundwater. Laboratory sorption studies [J]. Environmental Science and Technology, 15: 1360-1367.

Shabir A, Yao L, Dongen U V, et al. 2007. Analysis of diversity and activity of sulfate-reducing bacterial communities in sulfidogenic bioreactors using 16S rRNA and dsrB genes as molecular markers [J]. Appl Environ Microbiol, 73 (2): 594-604.

Sherwood A R, Vis M L, Entwisle T J. et al. 2008. Contrasting intra versus interpecies DNA sequence variation for representatives of the Batrachosppermales (Rhodophyta): Insights from a DNA barcoding approach [J]. Phycological research, 56 (4): 269-279.

Shubert L L. 1984. Algae as Ecological Indicators [M]. London: Academic Press.

Sidhu G K, Singh S, Kumar V, et al. 2019. Toxicity, monitoring and biodegradation of organophosphate pesticides: a review [J]. Critical Reviews in Environmental Science and Technology, 49 (13): 1135-1187.

Simranjeet S, Vijay K, Niraj U, et al. 2020. The effects of Fe (Ⅱ), Cu (Ⅱ) and humic acid on biodegradation of atrazine [J]. Journal of Environmental Chemical Engineering, 8 (2): 1-26.

Singh P, Suri C R, Cameotra S S. 2004, Isolation of a member of *Acinetobacter* species involved in atrazine degradation [J]. Biochemical and Biophysical Research Communications, 317 (3): 697-702.

Singh S N, Jauhari N. 2017. Degradation of atrazine by plants and microbes [J]. Microbe-Induced Degradation of Pesticides, 213-225.

Site A D. 2001. Factors affecting sorption of organic compounds in natural sorbent/water systems and sorption coefficients for selected pollutants: A review [J]. Journal of physical and Chemical Reference Data, 30: 187-439.

Smernik R. 2009. Biochar and sorption of organic compounds [Z] //Lehmann J, Joseph S. Biochar for environmental management: Science and technology. London: Earthscan.

Smith J A, Jaffe P R, Chiou C T. 1990. Effect of ten quaternary ammonium cations on tetrachloromethane sorption to caly from water [J]. Environmental Science and Technology, 24: 1167-1172.

So C M, Young L Y. 1999. Isolation and characterization of a sulfatereducing bacterium that anaerobically degrades alkanes [J]. Appl. Environ. Microbiol, 65: 2969-2976.

Sohi S P, Krull E, Lopez-Capel E, et al. 2010. A Review of biochar and its use and function in soil [J]. Advances in Agronomy, 105 (1): 47-82.

Sohrabi M, Jamshidi A M, Vahabzadeh F, et al. 2006. Some aspects of microbial desulfurization of dibenzothiophene in a down-flow jet loop bioreactor with coaxial draft tube [J]. A finidad, 63 (522): 136-142.

Sokolova E A. 2010. Influence of temperature on development of sulfate-reducing bacteria in the laboratory and field in winter [J]. Contemporary Problems of Ecology, 3 (6): 631-634.

Song J, Peng P., Huang W. 2002. Black carbon and kerogen in soils and sediments: 1. Quantification and characterization [J]. Environmental Science and Technology, 36: 3960-3967.

Spokas K A, Koskinen W C, Baker J M, et al. 2009. Impacts of woodchip biochar additions on greenhouse gas production and sorption/degradation of two herbicides in a Minnersata soil [J]. Chemosphere, 77: 574-581.

Stevenson F J. 1994. Humus Chemistry: Genesis, Composition, Reactions [M]. New York: John Wiley & Sons.

Strong L C, Mctavish H, Sadowsky M J, et al. 2000. Field-scale remediation of atrazine-contaminated soil using recombinant *Escherichia coli* expressing atrazine chlorohydrolase [J]. Environmental Microbiology，2（1）：91-98.

Sun C，Xu Y F，Hu N，et al. 2020. To evaluate the toxicity of atrazine on the freshwater microalgae *Chlorella* sp. using sensitive indices indicated by photosynthetic parameters [J]. Chemosphere，244.

Sun K，Ran Y，Yang Y，et al. 2008a. Sorption of phenanthrene by nonhydrolyzable organic matter from different size sediments [J]. Environmental Science and Technology，42：1961-1966.

Sun X L，Ghosh U. 2008b. The effect of activated carbon on partitioning desorption，and biouptake of native polychlorinated biphenyls in four freshwater sediments [J]. Environmental Toxicology and Chemistry，27：2287-2295.

Suresh B，Ravishankar G A. 2004. Phytoremediation a novel and promising approach for environmental clean-up [J]. Critical Reviews in Biotechnology，24：97-124.

Tang J，Wrber W J Jr. 2006. Development of engineered natural organic sorbents for environmental applications. 2. Sorption characteristics and capacities with respect to phenanthrene [J]. Environmental Science and Technology，40：1657-1663.

Tao Y，Han S Y，Zhang Q，et al. 2020. Application of biochar with functional microorganisms for enhanced atrazine removal and phosphorus utilization [J]. Journal of Cleaner Production，257.

Teclu D，Tivchev G，Laing M，et al，2006. Determination of the elemental composition of molasses and its suitability as carbon source for growth of sulphate-reducing bacteria [J]. Journal of Hazardous Materials，161：1157-1165.

Tomaszewski J E，Werner，D，Luthy，R G. 2007. Activated carbon amendment as a treatment for residual DDT in sediment from a superfund site in San Francisco Bay，Richmond，California，USA [J]. Environmental Toxicology and Chemistry，26：2143-2150.

Topp E，Mulbry W M，Zhu H. 2000. Characterization of striazine berbicide metabolism by a *Nocardioides* sp. isolated from agri-cultural soils [J]. Applied and Environmental Microbiology，66（8）：3134-3141.

Toth J. 1995. Thermodynamical correctness of gas/solid adsorption isotherm equations [J]. Journal of Colloid Interface Science，163：299-302.

Tripathi M，Sahu J N，Ganesan P. 2016. Effect of process parameters on production of biochar from biomass waste through pyrolysis：A review [J]. Renewable and Sustainable Energy Reviews，55：467-481.

Truong H，Lomnicki S，Dellinger B. 2010. Potential for misidentification of environmentally persistent free radicals as molecular pollutants in particulate matter [J]. Environmental Science & Technology，44（6）：1933-1939.

Van Houten R T，Hulshoff. Pol L W，Lettinga G. 1996. Biological sulphate reduction using gas-lift reactors fed with hydrogen and carbon dioxide as energy and carbon source [J]. Biotechnology and bioengineering，50（5）：136-144.

Verheijen F G A，Jeffery S，Bastos A C，et al. 2010. Biochar application to soils-A critical scientific review of effects on soil properties，processes and functions [M]. Luxembourg：Office for the Official Publications of the European Communities.

Vibber L L，Pressler M J，Colores G M. 2007. Isolation and characterization of novel atrazine-degrading microorganisms from an agricultural soil [J]. Applied of Microbiology and Biotechnology, 75 (4): 921-928.

Wade S R, Nunoura T, Antal M J. 2006. Studies of the flash carbonization process. 2. Violent ignition behavior of pressurized packed beds of biomass: Afactorial study [J]. Industrial and Engineering Chemistry Research, 45: 3512-3519.

Wang F, Jian H X, Wang C P, et al. 2020a. Effects of biochar on biodegradation of sulfamethoxazole and chloramphenicol by *Pseudomonas stutzeri* and *Shewanella putrefaciens*: Microbial growth, fatty acids, and the expression quantity of genes [J]. Journal of Hazardous Materials, 124311-124358.

Wang H L, Lin K D, Hou Z N, et al. 2010. Sorption of the herbicide terbuthylazine in two New Zealand forest soils amended with biosolids and biochars [J]. Journal of Soils and Sediments, 10: 283-289.

Wang P P, Liu X G, Yu B C, et al. 2020b. Characterization of peanut-shell biochar and the mechanisms underlying its sorption for atrazine and nicosulfuron in aqueous solution [J]. Science of the Total Environment, 702.

Wang X L, Sato T, Xing B S. 2006. Competitive sorption of pyrene on wood chars [J]. Environmental Science and Technology, 40: 3267-3272.

Wang X L, Xing B S. 2007. Sorption of organic contaminants by biopolymer-derived chars [J]. Environmental Science and Technology, 41: 8342-8348.

Weber W J Jr, Mcginley P M, Kata L. E. 1991. Sorption phenomena in subsurface systems: concepts, models and effects on contaminant fate and transport [J]. Water Research, 25: 499-528.

Weber W J Jr, Mcginley P M, Katz L. E. 1992. A distributed reactivity model for sorption by soils and sediments. 1. Conceptual basis and equilibrium assessments [J]. Environmental Science and Technology, 26: 1955-1962.

Whelan S, Lio P, et al. 2011. Molecular phylogenetics: state-of-the-art methods for looking into the past [J]. Trends in Genetics, 17 (5): 262-272.

Widdel F, Pfennig N. 1982. Studies on dissimilatory sulfate reducing bacteria that decompose fatty acids: 2. Incomplete oxidation of propionate by *Desulfobulbus propionicus*, gen-nov, sp-nov [J]. Arch Microbiol, 131: 360-365.

Wu S H, Li H, Li X, et al. 2018. Performances and mechanisms of efficient degradation of atrazine using per-oxymonosulfate and fer-rate as oxidants [J]. Chemical Engineering Journal, 353: 533-541.

Xiao B H, Yu Z Q, Huang W L, et al. 2004. Black carbon and kerogen in soils and sediments. 2. Their role in equilibrium sorption of less polar organic pollutants [J]. Environmental Science and Technology, 38: 5842-5852.

Xiao X, Chen B L, Chen Z M, et al. 2018. Insight into multiple and multi-level structures of biochars and their potential environmental applications: A critical review [J]. Environmental Science & Technology, 52 (9): 5027-5047.

Xing B S. 2001. Sorption of naphthalene and phenanthrene by soil humic acids [J]. Environmental Pollution, 111: 303-309.

Xing B S, Pignatello J J. 1997. Dual-mode sorption of low-polarity compounds in glassy poly (vinylchloride) and soil organic matter [J]. Environmental Science and Technology, 31: 792-799.

Xiong B J, Zhang Y C, Hou Y W, et al. 2017. Enhanced biodegradation of PAHs in historically contaminated soil by *M. gilvum* inoculated biochar [J]. Chemosphere, 182: 316-324.

Xu T, Lou L P, Luo L, et al. 2012. Effect of bamboo biochar on pentachlorophenol leachability and bioavailability in agricultural soil [J]. Science of the Total Environment, 414: 727-731.

Yan W, Acharjee T C, Coronella C J, et al. 2009. Thermal pretreatment of lignocellulosic biomass [J]. Environmental Progress and Sustainable Energy, 28: 435-440.

Yang H L, Ye S J, Zeng Z T, et al. 2020. Utilization of biochar for resource recovery from water: A review [J]. Chemical Engineering Journal, 397.

Yang K, Wu W H, Jing Q F, et al. 2010a. Competitive adsorption of naphthalene with 2,4-dichlorophenol and 4-chloroaniline on multiwalled carbon nanotubes [J]. Environmental Science and Technology, 44: 3021-3027.

Yang K, Xing B S. 2010b. Adsorption of organic compounds by carbon nanomaterials in aqueous phase: Polanyi theory and its application [J]. Environmental Science and Technology, 110: 5989-6008.

Yang K, Zhu L Z, Xing B S. 2006a. Adsorption of polycyclic aromatic hydrocarbons by carbon nanomaterials [J]. Environmental Science and Technology, 40: 1855-1861.

Yang X, Wei H, Zhu C, et al. 2018a. Biodegradation of atrazine by the novel *Citricoccus* sp. strain TT3 [J]. Ecotoxicology and Environmental Safety, 147: 144-150.

Yang X B, Ying G G, Peng P A, et al. 2010c. Influence of biochars on plant uptake and dissipation of two pesticides in an agricultural soil [J]. Journal of Agricultural Food and Chemistry, 58: 7915-7921.

Yang Y, Sheng G. 2003. Pesticide adsorptivity of aged particulate matter arising from crop residue burns [J]. Journal of Agricultural and Food Chemistry, 51: 5047-5051.

Yang Y N, Sheng G Y, Huang M S. 2006b. Bioavailability of diuron in soil containing wheat-straw-derived char [J]. Science of the Total Environment, 354: 170-178.

Yang Y, Sun K, Han L. F, et al. 2018b. Effect of minerals on the stability of biochar [J]. Chemosphere, 204: 310-317.

Yao Y, Gao B, Chen H, et al. 2012. Adsorption of sulfamethoxazole on biochar and its impact on reclaimed water irrigation [J]. Journal of Hazardous Materials, 209-210: 408-413.

Yi Z J, Tan K X, Tan A L, et al. 2007. Influence of environmental factors on reductive bioprecipitation of uranium by sulfate reducing bacteria [J]. International Biodeterioration & Biodegradation, 60: 258-266.

Yoon D S, Park J C, Park H G, et al. 2019. Effects of atrazine on life parameters, oxidative stress, and ecdysteroid biosynthetic pathway in the marine copepod *Tigriopus japonicus* [J]. Aquatic Toxicology, 213: 105213-105253.

Yu T M, Wang L, Ma F, et al. 2019. Self-immobilized biomixture with pellets of Aspergillus niger Y3 and Arthrobacter. sp ZXY-2 to remove atrazine in water: A bio-functions integration system

[J]. Science of the Total Environment, 689: 875-882.

Yu X Y, Ying G G, Kookana R S. 2006. Sorption and desorption behavior of diuron in soil amended with charcoal [J]. Journal of Agricultural and Food Chemistry, 54: 8545-8550.

Zech W, Senesi N, Guggenberger G, et al. 1997. Factors controlling humification and mineralization of soil organic matter in the tropics [J]. Geoderma, 79: 117-161.

Zeng Q, Hao T W, Robert M H, et al. 2019. Recent advances in dissimilatory sulfate reduction: From metabolic study to application [J]. Water research, 150: 162-181.

Zhang G X, Guo X F, Zhao Z H, et al. 2016. Effects of biochars on the availability of heavy metals to ryegrass in an alkaline contaminated soil [J]. Environmental Pollution, 218: 513-522.

Zhang G X, Guo X F, Zhu Y E, et al. 2017. Effect of biochar on the presence of nutrients and ryegrass growth in the soil from an abandoned indigenous coking site: The potential role of biochar in the revegetation of contaminated site [J]. Science of the Total Environment, 601-602: 469-477.

Zhang G X, Zhang Q, Sun K, et al. 2011a. Sorption of simazine to corn straw biochars prepared at different pyrolytic temperatures [J]. Environmental Pollution, 159 (10): 2594-2601.

Zhang H, Lin K, Wang H, et al. 2010. Effect of *Pinus radiata* derived biochars on soil sorption and desorption of phenanthrene [J]. Environmental Pollution, 158: 2821-2825.

Zhang Y, Jiang Z, Cao B, et al. 2011b. Chemotaxis to atrazine and detection of a xenobiotic catabolic plasmid in *Arthrobacter* sp. DNS10 [J]. Environmental Science and Pollution Research International, 9 (7): 1140-1144.

Zhang Y, Meng D F, Wang Z G, et al. 2012. Oxidative stress response in atrazine -degrading bacteria exposed to atrazine [J]. Journal of Hazardous Materials, 229 (3): 434-438.

Zhao F, Li Y F, Huang L L, et al. 2018. Individual and combined toxicity of atrazine, butachlor, halosulfuronmethyl and mesotrione on the microalga Selenastrum capricornutum [J]. Ecotoxicology and Environmental Safety, 148: 969-975.

Zhao X, Wang L, Ma F, et al. 2017. *Pseudomonas* sp. ZXY-1, a newly isolated and highly efficient atrazine-degrading bacterium, and optimization of biodegradation using response surface methodology [J]. Journal of Environmental Sciences, 54: 152-159.

Zheng W, Guo M X, Chow T, et al. 2010. Sorption properties of greenwaste biochar for two triazine pesticides [J]. Journal of Hazardous Materials, 181 (1): 121-126.

Zhou Z L, Shi D J, Qiu Y P, et al. 2009. Sorptive domains of pine chars as probed by benzene and nitrobenzene [J]. Environmental Pollution, 158: 201-206.

Zhu Q, Hu Z Q, Ruan M Y. 2020. Characteristics of sulfate-reducing bacteria and organic bactericides and their potential to mitigate pollution caused by coal gangue acidification [J]. Environmental Technology & Innovation, 20: 101142-101151.

Zhu, D, Pignatello J J. 2005. Characterization of aromaticcompound sorptive interactions with black carbon (charcoal) assisted by graphite as a model [J]. Environmental Science and Technology, 39: 2033-2041.

Zimmerman A. 2010. Abiotic and microbial oxidation of laboratory-produced black carbon (biochar) [J]. Environmental Science and Technology, 44: 1259-1301.

Zimmerman J R，Ghosh U，Millward R N，et al. 2004. Addition of carbon sorbents to reduce PCB and PAH bioavailability in marine sediments：physicochemical tests [J]. Environmental Science and Technology，38：5458-5464.

Zimmerman J R，Werner D，Ghosh U，et al. 2005. Effects of dose and particle size on activated carbon treatment to sequester polychlorinated biphenyls and polycyclic aromatic hydrocarbons in marine sediments [J]. Environmental Toxicology and Chemistry，24：1594-1601.

Zverlov V，Schantz N，Schantz W H. 2005. A major new component in the cellulosome of Clostridium thermocellum is a processive endo-β-1，4-glucanase producing cellotetraose [J]. FEMS Microbiology Letters，249 (2)：353-358.

(a) 分离纯化图

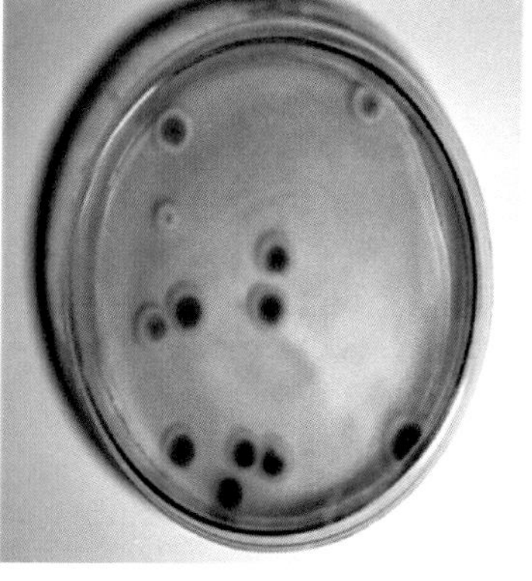

(b) 菌落形态图

图 6-1　希瓦氏菌的菌落形态

(a) 生长时液体培养基的变化

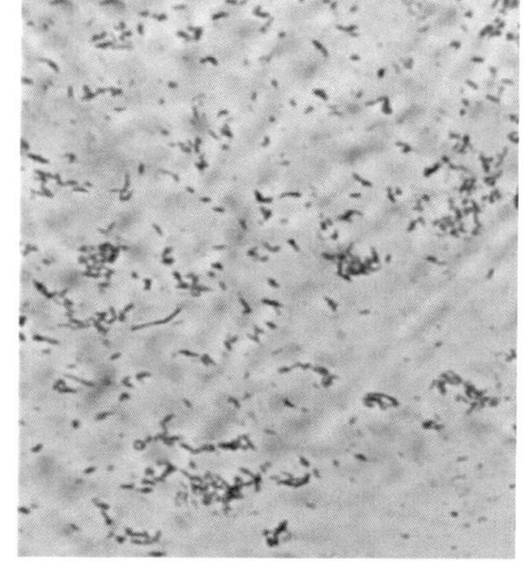

(b) 菌株显微结构图

图 6-2　希瓦氏菌的培养和显微结构图

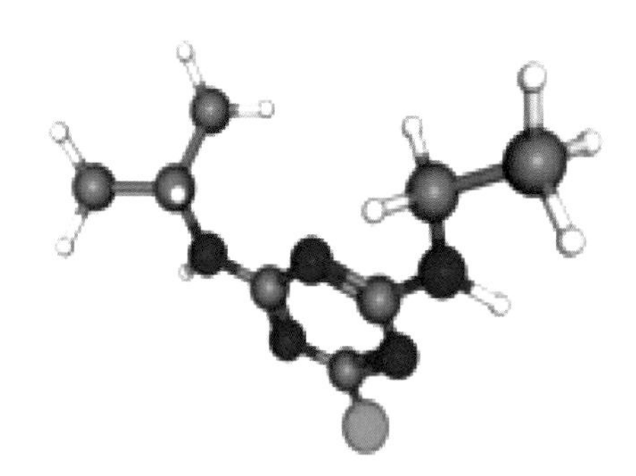

(a) 阿特拉津球棍模型

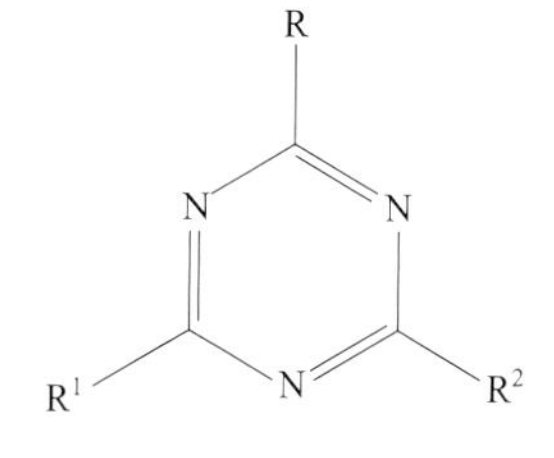

(b) 阿特拉津衍生物的化学结构式

图 7-1　阿特拉津球棍模型及其衍生物的化学结构式

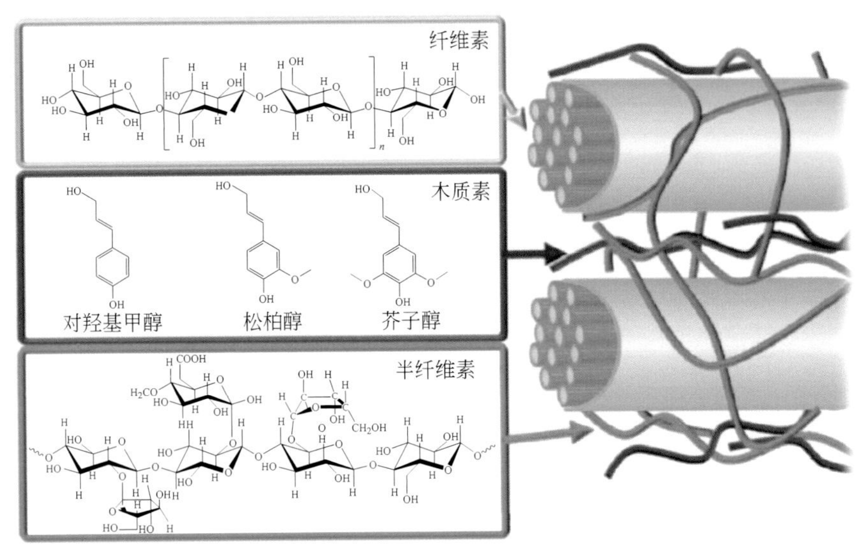

图 8-2　生物质中纤维素、木质素和半纤维素的结构

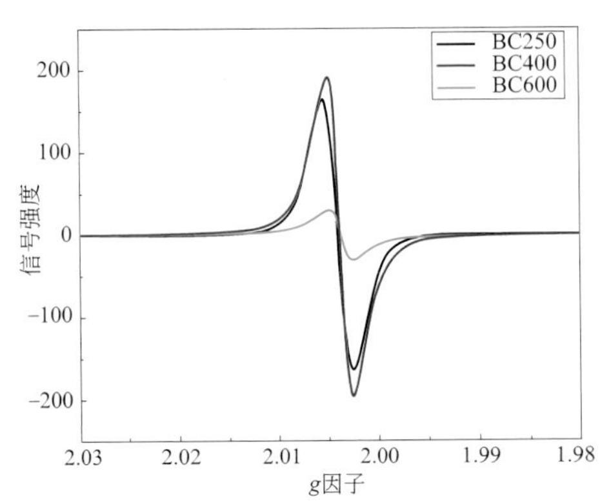

图 8-13　不同热解温度下玉米芯生物质炭的自由基信号

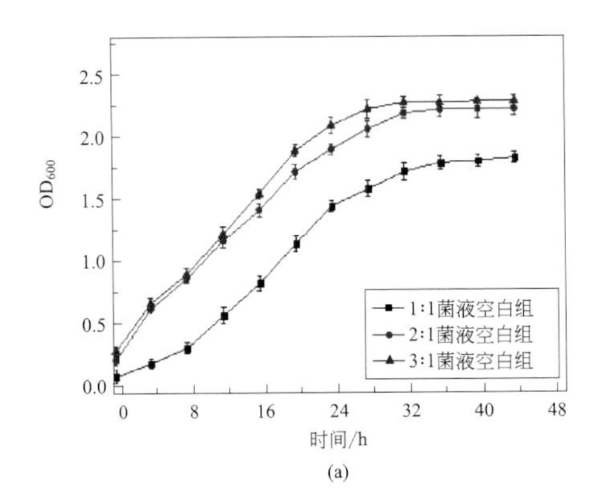

(a)

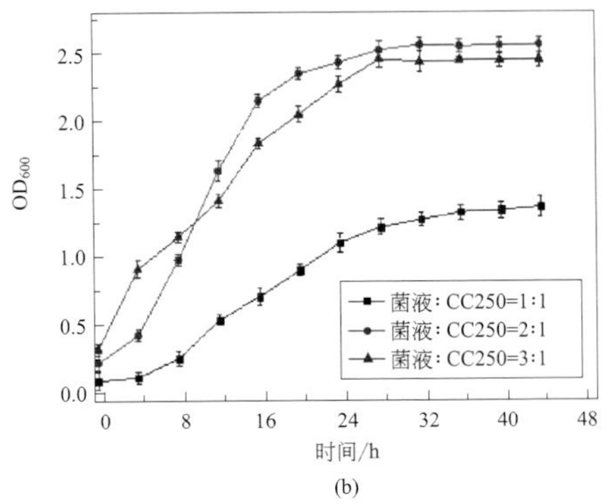

(b)

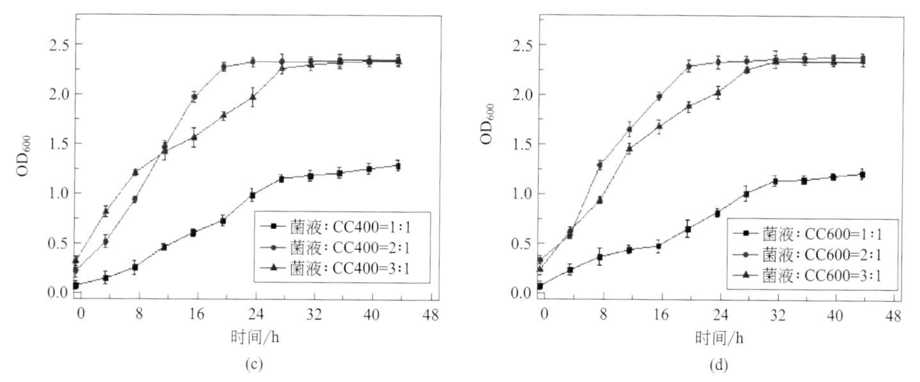

图 8-15　同一生物质炭不同比例对菌株生长的影响

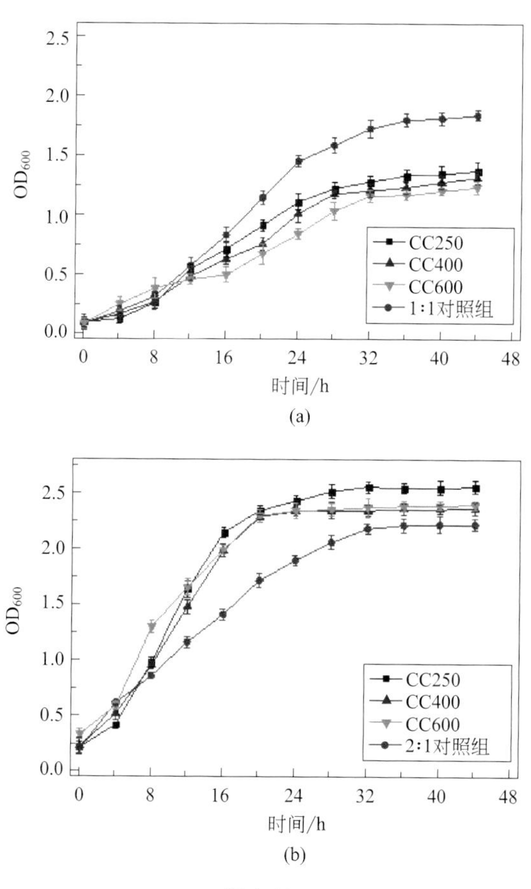

图 8-16

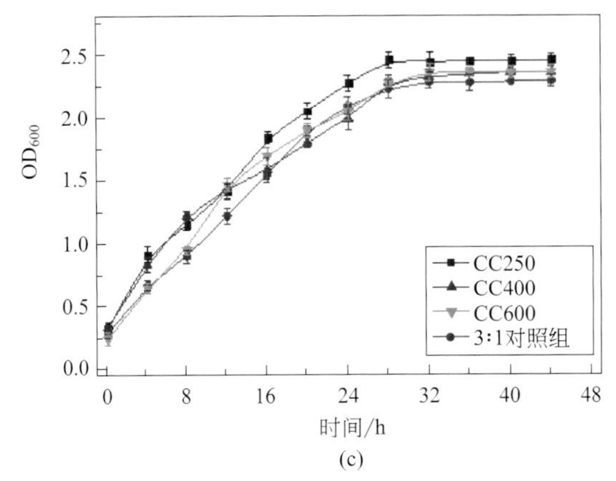

(c)

图 8-16　同一比例不同生物质炭对菌株生长的影响

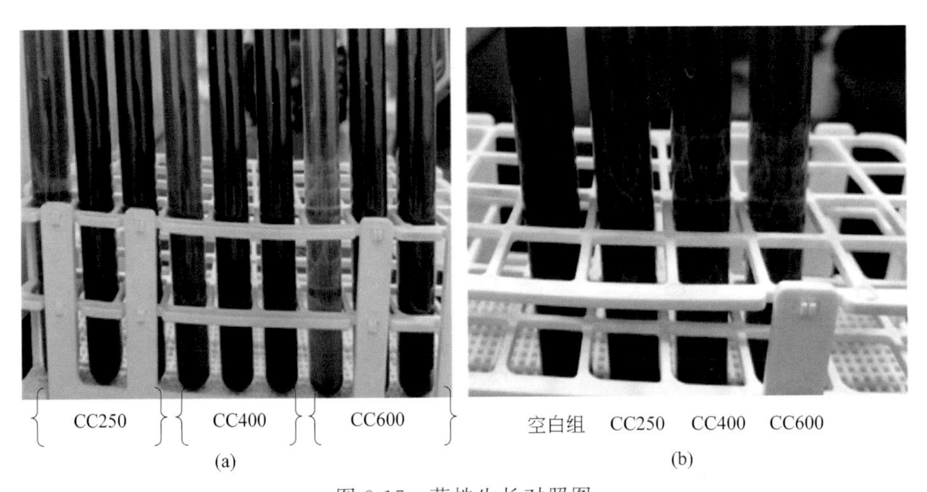

(a)　　(b)

图 8-17　菌株生长对照图